Recolección, transporte, almacenamiento y acondicionamiento de la fruta

Miguel Ángel Maya Álvarez

ic editorial

Recolección, transporte, almacenamiento y acondicionamiento de la fruta

1ª Edición

Editado por: IC Editorial
c/ Cueva de Viera, 2, Local 3
Centro Negocios CADI
29200 Antequera (Málaga)
Teléfono: 952 70 60 04
Fax: 952 84 55 03
Correo electrónico: iceditorial@iceditorial.com
Internet: www.iceditorial.com

ISBN: 978-84-1184-419-2
Depósito Legal: MA 2446-2024

Impresión: PODiPrint
Impreso en Andalucía – España

Nota de la editorial: IC Editorial pertenece a Innovación y Cualificación S. L.

Presentación del manual

El **Certificado de Profesionalidad** es el instrumento de acreditación, en el ámbito de la Administración laboral, de las cualificaciones profesionales del Catálogo Nacional de Cualificaciones Profesionales adquiridas a través de procesos formativos o del proceso de reconocimiento de la experiencia laboral y de vías no formales de formación.

El elemento mínimo acreditable es la **Unidad de Competencia.** La suma de las acreditaciones de las unidades de competencia conforma la acreditación de la competencia general.

Una **Unidad de Competencia** se define como una agrupación de tareas productivas específica que realiza el profesional. Las diferentes unidades de competencia de un certificado de profesionalidad conforman la **Competencia General,** definiendo el conjunto de conocimientos y capacidades que permiten el ejercicio de una actividad profesional determinada.

Cada **Unidad de Competencia** lleva asociado un **Módulo Formativo,** donde se describe la formación necesaria para adquirir esa **Unidad de Competencia,** pudiendo dividirse en **Unidades Formativas.**

El presente manual desarrolla la Unidad Formativa **UF0013: Recolección, transporte, almacenamiento y acondicionamiento de la fruta,**

perteneciente al Módulo Formativo **MF0528_2: Operaciones culturales y recolección de la fruta,**

asociado a la unidad de competencia **UC0528_2: Realizar las operaciones de cultivo, recolección, transporte y primer acondicionamiento de la fruta,**

del Certificado de Profesionalidad **Fruticultura.**

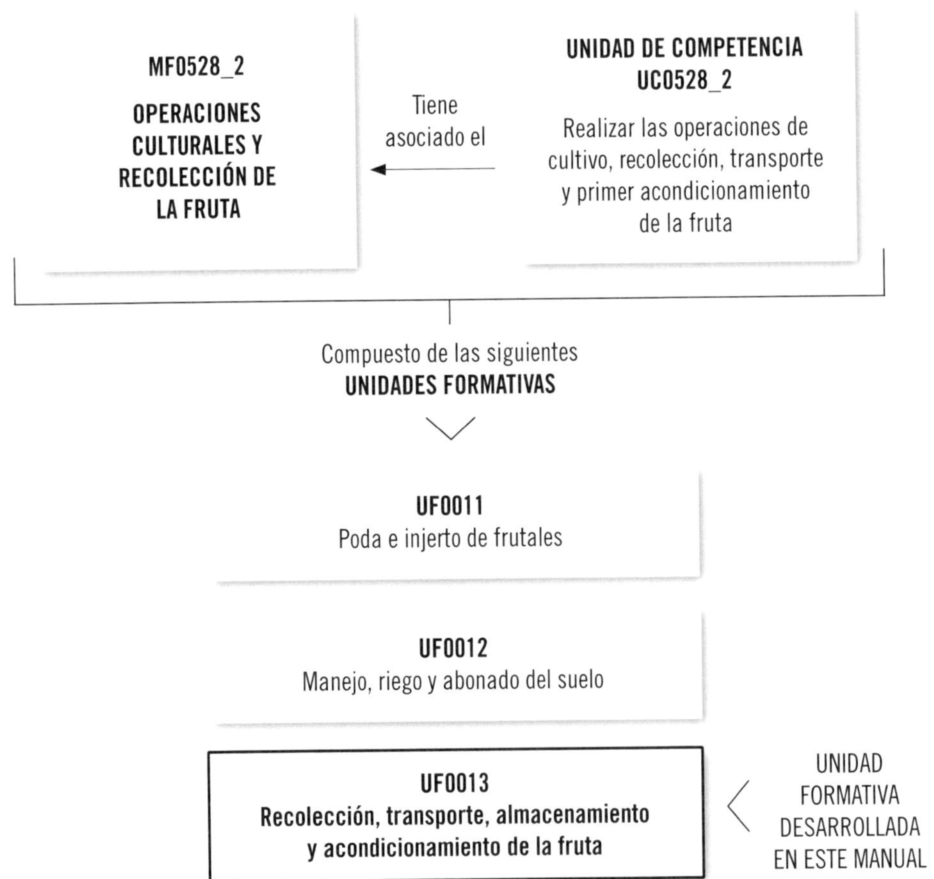

FICHA DE CERTIFICADO DE PROFESIONALIDAD

(AGAF0108) FRUTICULTURA (R. D. 1375/2008, de 1 de Agosto)

COMPETENCIA GENERAL: Realizar las operaciones de instalación, mantenimiento, producción y recolección en una explotación frutícola, controlando la sanidad vegetal, manejando la maquinaria, aplicando criterios de buenas prácticas agrícolas, de rentabilidad económica y cumpliendo con la normativa medioambiental, de control de calidad, seguridad alimentaria y prevención de riesgos laborales vigentes.

Cualificación profesional de referencia	Unidades de competencia		Ocupaciones o puestos de trabajo relacionados:
AGA166_2 FRUTICULTURA (R. D. 1228/2006, de 27 de octubre, BOE de 3 de enero de 2007)	UC0527_2	Realizar las labores de preparación del terreno y de plantación de frutales.	• 6021.011.3 Trabajador agrícola de frutales, en general • 6021.011.3 Fruticultor • 6021.015.7 Trabajador agrícola de cítricos • 6021.016.8 Viticultor • 6021.017.9 Olivicultor • 6021.018.0 Injertador y/o podador • 6021.020.1 Aplicador de plaguicidas
	UC0528_2	Realizar las operaciones de cultivo, recolección, transporte y primer acondicionamiento de la fruta.	
	UC0525_2	Controlar las plagas, enfermedades, malas hierbas y fisiopatías.	
	UC0526_2	Manejar tractores y montar instalaciones agrarias, realizando su mantenimiento.	

Correspondencia con el Catálogo Modular de Formación Profesional

Módulos certificado	Unidades formativas	Horas
MF0527_2: Preparación del terreno y plantación de frutales	UF0001: El suelo de cultivo y las condiciones climáticas	50
	UF0010: Preparación del terreno para instalación de infraestructuras y plantación de frutales	70
MF0528_2: Operaciones culturales y recolección de la fruta	UF0011: Poda e injerto de frutales	80
	UF0012: Manejo, riego y abonado del suelo	80
	UF0013: Recolección, transporte, almacenamiento y acondicionamiento de la fruta	40
MF0525_2: Control Fitosanitario	UF0006: Determinación del estado sanitario de las plantas, suelo e instalaciones y elección de los métodos de control	60
	UF0007: Aplicación de métodos de control fitosanitarios en plantas, suelo e instalaciones	60
MF0526_2: Mecanización e instalaciones agrarias	UF0008: Instalaciones, su acondicionamiento, limpieza y desinfección	70
	UF0009: Mantenimiento, preparación y manejo de tractores	50
MP0002: Módulo de prácticas profesionales no laborales		40

Índice

Capítulo 1
Recolección

Capítulo 2
Transporte

Capítulo 3
Almacenamiento y acondicionamiento de la fruta en campo

Capítulo 1

Recolección

Contenido

1. Introducción
2. El proceso de maduración
3. Maduración fisiológica y comercial
4. Índices de maduración
5. La recolección de la fruta
6. Recolección manual
7. Recolección mecánica. Equipos
8. Normativa sobre recipientes que contengan productos alimentarios frescos, de carácter perecedero
9. Normas medioambientales y de prevención de riesgos laborales, así como de seguridad alimentaria relacionadas con la recolección
10. Resumen

1. Introducción

Para todo agricultor que cultive frutas es fundamental conocer el momento adecuado para cosechar, ya que de ello dependerá que su comercialización sea la adecuada. Existen varias técnicas, útiles y dispositivos, que se usan para determinar la madurez, todos ellos basados en una serie de indicadores y características específicas del fruto.

Para realizar la recolección es de gran importancia llevar a cabo una serie de medidas de higiene y seguridad, tanto para el personal que la ejecuta, como para que el producto final sea adquirido por los consumidores con las máximas garantías.

Las herramientas, útiles y maquinaria disponibles para recoger la fruta son muy amplias y diversas. Para escoger el elemento más adecuado se tienen en cuenta diversos factores, como pueden ser la especie vegetal, el destino final de la misma o las características del terreno.

Hay que tener en cuenta que la salud del consumidor puede estar en riesgo, por lo que es muy importante establecer puntos de control durante todo el proceso de recolección, desde la explotación agrícola, hasta su venta en el mercado, para así garantizar su seguridad y bienestar.

Todas las tareas para la recolección se deben realizar teniendo en cuenta la legislación en materia de seguridad laboral, de respeto por el medioambiente y de seguridad alimentaria.

2. El proceso de maduración

Antes de comercializar la fruta, es muy importante escoger el momento más adecuado para proceder a su cosecha. Si la recolección es muy temprana, el producto no llegará en condiciones de ser consumido al mercado, e igualmente ocurrirá si se recoge demasiado tarde.

Cuando la recolección se ejecuta antes de tiempo, aunque reciba los tratamientos poscosecha adecuados y se manipule, envase o presente al mercado correctamente, su calidad siempre será inferior a la que se presenta cuando se recoge en el momento óptimo. Además, la fruta que se cosecha antes de tiempo no tiene el sabor adecuado, ni la textura apropiada.

El fruto comienza su desarrollo poco después de la polinización, y a lo largo de su crecimiento experimenta distintas etapas o fases, tales como:

- **Reproducción celular:** en este período se lleva a cabo una intensa división de las células, aunque su tamaño apenas aumenta. Esta etapa suele tener una duración de entre 10 y 30 días.
- **Aumento del tamaño celular:** una vez finalizada la fase anterior, comienza la acumulación de agua y sustancias hidrocarbonadas en las células, lo que conlleva un incremento en el volumen y peso del fruto hasta alcanzar su tamaño normal y característico. La duración de esta fase varía ampliamente, oscilando entre 30 y 150 días.
- **Maduración:** durante esta etapa el fruto experimenta una serie de cambios bioquímicos, los cuales le confieren sus características gustativas, olfativas, etc. Sigue experimentando un leve aumento de tamaño, principalmente debido al aumento de la cantidad de agua en sus células. Por lo general, esta etapa tiene una duración de entre 10 y 30 días.

El agua es el componente más importante de los frutos, representando entre el 50 % y el 90 % de su peso, una vez maduros. El desarrollo de los frutos depende en gran parte del agua, ya que esta es esencial para suministrar los nutrientes necesarios. Si no se dispone de la cantidad suficiente, se producirán frutos de menor tamaño, o arrugados, así como caídas del árbol, antes de llegar a su estado óptimo.

Cuando la fruta va creciendo, se va produciendo en la misma una serie de transformaciones fisiológicas, que se pueden observar a simple vista, como son su aumento de tamaño, el cambio de color y de forma. Igualmente, se producen otros cambios que pueden notarse a través del olfato, del gusto y del tacto, como son el olor, el sabor, la textura y la dureza.

Sabía que...

En todo el planeta se cultivan más de 7.000 variedades distintas de manzanas, aunque todas tienen su origen en una especie silvestre originaria de Asia central.

Existen distintos métodos para conocer cuándo la fruta está madura:

- **Tiempo transcurrido desde la floración:** para ello es necesario contar los días desde la caída de los pétalos, ya que cada fruto tiene un número específico de días para alcanzar su madurez, aunque esto puede variar según el clima, la altitud, la latitud, etc.
- **Temperatura (unidades de calor):** cada fruto necesita acumular una cierta cantidad de grados por día para madurar por completo. Además, también requiere una temperatura mínima para su desarrollo. El punto de madurez se alcanza cuando se dan los valores de temperatura adecuados, por lo tanto, el conocimiento de estos valores puede ser uno de los indicativos para saber cuándo la fruta está madura.
- **Color de la piel o de la pulpa:** el cambio de color de la piel o de la pulpa también es un indicador de la maduración de la fruta. A medida que este cambia, se puede saber que el proceso de madurez está avanzando. Algunos frutos desarrollan un aspecto característico durante esta evolución. También se pueden utilizar aparatos electrónicos para detectar de forma más precisa la transformación del color.
- **Color de las semillas:** también es un indicador de la madurez de la fruta. Cuando aproximadamente el 75 % de las semillas tienen un color oscuro, el fruto está maduro. Sin embargo, esta técnica requiere abrir la fruta, lo que implica una medida destructiva.
- **Facilidad de desprendimiento del árbol:** si el fruto se desprende fácilmente, significa que está maduro. Cuanta mayor resistencia haya, menor será su grado de madurez.
- **Densidad y dureza:** también pueden proporcionar pistas sobre la madurez de la fruta. A medida que la fruta madura, la textura es más suave.

Por lo tanto, cuanto más duro esté el fruto, menor será su nivel de madurez. Para evaluar la dureza, se utilizan distintos aparatos electrónicos.

- **Tamaño:** en ocasiones, el tamaño del fruto se usa como indicador de madurez, especialmente en frutas tempranas, ya que al inicio del proceso de maduración, el fruto casi ha alcanzado su tamaño final. Si en un mercado específico se establece un requisito de tamaño para la comercialización, el diámetro del fruto puede ser utilizado como criterio para iniciar la cosecha comercial. Aunque este método es fácil de controlar y no causa daño a los frutos tomados como muestra, es generalmente poco confiable y puede variar considerablemente de un año a otro, incluso en la misma plantación.
- **Índices químicos:** mediante la cantidad existente de almidón, azúcar y gases, como el etileno o el CO_2, se puede conocer su estado de maduración. También el contenido en ácidos es un indicativo. Para conocer todos estos parámetros, al igual que para la dureza y el color, se usan aparatos electrónicos.

Ejemplo

Hay una amplia variedad de cerezas, las cuales se dividen en varias categorías dependiendo de su época de floración: muy tempranas, tempranas, medias, tardías y muy tardías. Las variedades más tempranas florecen a finales del invierno o principios de la primavera, mientras que las últimas lo hacen a mediados de la primavera, cuando las temperaturas son más altas. Esta clasificación, basada en la floración, también se aplica a la época de maduración. Las variedades muy tempranas y muy tardías son especialmente interesantes para los agricultores, ya que se pueden comercializar en momentos en los que la oferta es limitada.

El máximo esplendor y apogeo, desde el punto de vista de su consumo, se produce cuando el fruto tiene unas óptimas características organolépticas: gusto, aromas, color, jugosidad y textura.

En algunas ocasiones, el proceso de maduración es algo subjetivo, y depende de las preferencias del consumidor o del uso que se le vaya a dar. Por ejemplo, el mango se cosecha generalmente antes de que esté totalmente maduro, para su uso en algunas ensaladas o como alimento para acompañar algunas comidas, como si fuese una verdura, en cambio, el mango muy maduro se consume para industria alimentaria y también para hacer zumos como postres.

El proceso de maduración de la fruta no es el mismo entre las diferentes especies. Por ejemplo, las cerezas y albaricoques alcanzan su madurez a los 70 u 80 días desde la floración, mientras que algunas variedades de peras lo hacen a los 200 o 250 días.

Importante

El estado de maduración óptimo del fruto dependerá del uso que vaya a hacerse de él, cocinado, en crudo o para la industria alimentaria.

Incluso hay ocasiones en las que se pueden distinguir entre distintas variedades dentro de la misma especie, por ejemplo, las peras Willimam's pueden estar maduras a los 115 días, y las de la variedad Passa Crassana pueden necesitar hasta 200 días.

A veces, incluso en el mismo árbol se producen distintos tipos de maduración, pudiendo encontrar algunos frutos ya maduros y otros todavía en fase de crecimiento. Esto se debe a la influencia de varios factores, tanto internos del propio fruto (estado sanitario y nutricional, composición química, etc.), como externos (ubicación y orientación, exposición a la insolación, temperatura, humedad, etc.).

La temperatura juega un papel fundamental en el proceso de maduración de la fruta, ya que si es más alta, este se acelera, mientras que con una baja temperatura se ralentiza. La humedad relativa y la exposición a la luz también pueden afectar la maduración. Además, factores externos, como la aplicación de ciertos productos químicos o tratamientos agrícolas, también pueden afectar. Todos estos elementos deben ser cuidadosamente considerados para lograr una recolección óptima.

Recuerde

La fruta no debe cosecharse antes de tiempo, o su calidad siempre será inferior a la que presenta si se recoge en el momento óptimo. Si la recolección es prematura, el producto no llegará en condiciones de ser consumido al mercado.

3. Maduración fisiológica y comercial

El proceso de maduración de la fruta conlleva una serie de cambios físicos y químicos, los cuales causan diversas transformaciones en su textura y consistencia. Es crucial determinar el momento ideal de maduración para recolectar los frutos en un cultivo, ya que esto afecta tanto a la calidad del producto, que debe ser atractivo para los consumidores, como a su posterior vida útil durante la distribución y venta en los puntos de venta.

En fruticultura se distinguen dos tipos de maduración: fisiológica y comercial. Es necesario conocer cuáles son con la finalidad de decidir el momento justo del inicio de la recolección.

3.1. Madurez fisiológica

Al hablar de maduración fisiológica se está haciendo referencia a la etapa del desarrollo de la fruta en la que ya se ha producido un máximo crecimiento, es decir, cuando ya ha alcanzado su máximo desarrollo biológico en el árbol o planta. Cada especie frutal presenta una madurez fisiológica concreta.

Al hablar de madurez hay que distinguir claramente entre dos tipos de frutas, y de productos vegetales en general: los que son climatéricos y los que no. Un fruto es climatérico cuando sigue madurando una vez que ha sido separado o cortado del árbol o planta de la que se ha obtenido.

Este proceso de maduración se debe principalmente a la producción de etileno. Se produce debido a que el fruto aprovecha el oxígeno de la atmósfera para metabolizar azúcar y almidón. Este proceso continúa tras la separación de la fruta del árbol.

En los productos climatéricos ha de tenerse muy en cuenta el momento de cosecha o recolección, ya que desde que se recoja hasta que llegue al consumidor final pasará un tiempo durante el cual el producto seguirá transformándose, cambiando y madurando.

En los productos climatéricos se producen una serie de cambios, tanto en su aspecto físico, como en su composición química, como son el cambio del sabor, la dureza y el aumento del aroma y permeabilidad.

Los productos no climatéricos no llevan a cabo un proceso de madurez, sino de envejecimiento, por lo que desde el momento de la cosecha hasta que llega al consumidor no ha de transcurrir demasiado tiempo.

Definición

Climatéricos
Son productos vegetales que siguen madurando, incluso cuando han sido separados de la planta que los produjo.

En la siguiente tabla pueden verse algunos ejemplos de frutas climatéricas y no climatéricas:

FRUTOS CLIMATÉRICOS		FRUTOS NO CLIMATÉRICOS	
Albaricoque	Higo	Cereza	Pomelo
Pera	Manzana	Limón	Mora
Ciruela	Melocotón	Aceituna	Granada
Plátano	Caqui	Naranja	Níspero
Kiwi	Aguacate	Lima	Mandarina
Maracuyá	Chirimoya	Piña	Uva
Papaya	Mango	Arándano	Frambuesa

3.2. Madurez comercial

Este tipo de madurez se refiere a cuando la fruta ya tiene unas determinadas características que la hacen óptima para ser comercializada. No suele guardar relación en casi ningún caso con la madurez fisiológica.

Por tanto, la madurez fisiológica es la que se alcanza una vez que se ha completado el crecimiento en el árbol, mientras que la madurez comercial hace referencia al estado en el que los mercados la requieren.

Para saber cuál es el momento de la madurez comercial óptima, se usa una combinación de diversos criterios, relacionados con los sentidos humanos, como son:

- Para la vista, el color, el tamaño y la forma.
- Para el tacto, si es áspero o suave, blando o duro.
- Para el oído, dependiendo del sonido que produzca al apretarlo con la mano.
- Para el olfato, según su olor y aroma.
- Para el gusto, según sea ácido o dulce, salado o amargo.

Existen algunas frutas que poseen un amplio rango de madurez comercial, ya que son aceptadas en el mercado de maneras muy distintas. Sin embargo, existen otras que poseen poco margen o rango de madurez comercial, ya que se degradan y cambian su sabor o textura con mayor rapidez y el mercado los desecha.

Importante

La maduración fisiológica no suele guardar relación con la maduración comercial, sobre todo en las frutas climatéricas.

Puede ocurrir también que un mismo producto tenga distintos tipos de madurez comercial, según vaya a dedicarse a un mercado u otro. Si se va a usar para consumo local o cercano, y va a ser de venta directa, sin sufrir transformaciones ni manipulaciones (envasados, etiquetados, etc.), la maduración comercial será próxima a la madurez fisiológica, ya que no transcurrirá mucho tiempo entre cosecha y consumo. Si por el contrario, el producto va a ser comercializado lejos del lugar de producción o va a ser manipulado, lo más normal es que el momento de la cosecha o madurez fisiológica sea con anterioridad al de madurez comercial.

Algunas veces los mercados demandan determinados estados en los productos para algún uso concreto o para su transformación en la industria alimentaria. Algunas frutas son requeridas en un estado de madurez particular para su consumo fresco, mientras que otras pueden ser solicitadas en un estado más avanzado para su posterior procesamiento industrial, como en la elaboración de zumos, conservas o productos enlatados. La demanda de frutas en diferentes estados de madurez o condiciones puede variar según las necesidades de los consumidores finales o de las empresas alimentarias que las utilizan como materia prima.

Ejemplo

Los plátanos verdes o poco maduros son adecuados para su uso en la industria alimentaria, donde se emplean para la producción de *snacks,* harinas, y otros productos con sabor

Continúa en página siguiente >>

<< Viene de página anterior

a plátano, mientras que los maduros son más solicitados para consumo fresco, ya que presentan un sabor más dulce y una textura más suave.

En el caso de las naranjas, el mercado puede demandar distintos estados de madurez, dependiendo de su uso final: las naranjas más maduras y jugosas se prefieren para consumo fresco, ya sea como fruta de mesa o para la elaboración de zumos naturales, mientras que las naranjas menos maduras o incluso verdes se utilizan por la industria alimentaria para la producción de mermeladas, confituras o para su uso en la fabricación de productos envasados.

Se conoce como «sobremadurez» al estado que sigue a la madurez comercial. En este momento los consumidores finales pierden su interés por el producto, ya que este pierde gran parte de su sabor, aromas y texturas característicos. Sin embargo, este punto de sobremadurez es el más adecuado para la fabricación de dulces o salsas.

Otra demanda del mercado con respecto al grado de maduración comercial es la homogeneidad del producto, ya que se solicitan productos que tengan las mismas características en cuanto a tamaño, color, textura, sabor, etc. No tendrá el mismo valor en el mercado una cosecha homogénea que una con disparidad en el mismo producto.

Actividades

1. Explicar qué es la madurez comercial.
2. Buscar información sobre algunos productos vegetales climatéricos, que no sean frutas, por ejemplo las hortalizas.

En una finca se lleva a cabo el cultivo de cuatro tipos: manzanas, peras, higos y caquis. Una empresa comercializadora les ha indicado que les enviará un camión para que carguen los productos un día concreto del calendario, y que únicamente podrán cargar la que esté madura.

Indique cómo pueden saber las frutas que estarán maduras, si no disponen de aparatos de medición específicos para ello. Razone su respuesta.

SOLUCIÓN

Para poder conocer qué frutas estarán maduras, podrán utilizar los siguientes parámetros o índices:

- Contar los días transcurridos desde la floración de los árboles, ya que cada especie tiene un periodo concreto de maduración a partir de la floración.
- Consultar el histórico de las temperaturas habidas en las plantaciones, y si cada especie ha tenido la temperatura necesaria, es un indicador de su correcta madurez.
- Observar el color, tamaño y forma de los frutos, también concreto de cada especie.
- Observar el color de las semillas y ver cuál es, teniendo en cuenta que si tienen aproximadamente el 75 % con un color oscuro, el fruto estará maduro.
- Observar la facilidad o dificultad de desprendimiento de los frutos del árbol, ya que si están maduros deben desprenderse fácilmente.

4. Índices de maduración

Durante el proceso de maduración de la fruta se van produciendo, además de cambios físicos perceptibles por los sentidos humanos, una serie de cambios químicos y metabólicos. Según sea esta evolución durante el crecimiento, se habla de distintos índices de maduración.

A la hora de decidir el punto de maduración, el color es uno de los criterios que más se utiliza, ya que es un método que puede realizarse a simple vista, por la experiencia del agricultor o mediante el uso de una simple tabla de colores comparativa.

El cambio de color es el más fácilmente apreciable, y se debe a la evolución o a la degradación de los pigmentos que poseen las plantas. Hay casos en los que estos pigmentos son muy distintos según las variedades de plantas cultivadas, por ejemplo, hay manzanas de distintos colores como el rojo, el verde o el amarillo y, en cada caso concreto, el color evolucionará de una manera distinta.

Distintos colores del plátano según el grado de maduración

El color a observar puede ser tanto el del exterior del producto como el del interior (pulpa).

Actividades

3. Observar en una frutería o supermercado si las frutas expuestas son homogéneas en cuanto al color y tamaño.
4. Explicar qué es la sobremadurez.
5. ¿Cuál de los cinco sentidos humanos cree que es el más usado a la hora de determinar el estado de madurez de un producto?

Existen otros parámetros para determinar el índice de maduración, como son:

Meteorológicos	- Época del año. - Días transcurridos desde la floración. - Temperatura (unidades de calor).
Físicos	- Color. - Dureza y textura de la pulpa.
Químicos	Contenido en: - Almidón. - Azúcares. - Ácidos.
Fisiológicos	- Grosor o tamaño. - Forma. - Color de las semillas. - Respiración del fruto.

4.1. Útiles y aparatos medidores del índice de maduración

Los métodos visuales o manuales para decidir el índice de madurez no son tan exactos como los que se llevan a cabo con determinados aparatos, que han sido diseñados y fabricados específicamente para controlar determinados parámetros. Los aparatos más usados normalmente para conocer el índice de madurez son los siguientes:

- **Presiómetro o penetrómetro:** la fruta, así como muchas verduras y hortalizas, conforme van creciendo, se van ablandando, ofreciendo así una menor resistencia a ser penetradas. El presiómetro indica cuál es ese grado de dureza. Consta de una cánula que se introduce en el interior del producto a estudiar y de un lector (analógico o digital) que indica el valor correspondiente. Existen modelos digitales con una tecnología muy avanzada, los cuales poseen un *software* específico para determinados cultivos y varias funciones facilitan las labores del agricultor a la hora de decidir el momento óptimo de cosecha. La unidad de medida del presiómetro es la **escala Shore,** que va de 0 a 100. Para decidir el momento exacto de la cosecha, la fruta debe alcanzar sus valores y rangos característicos, por ejemplo, para las manzanas es de 50 a 70, y para los melocotones es de 30 a 50.

- **Refractómetro:** es un aparato que mide la cantidad de azúcar (sacarosa) existente en el producto que se quiera evaluar. Se utiliza para las frutas, así como para otros vegetales, sobre todo hortalizas. Su funcionamiento se basa en los principios físicos de refracción de la luz en los líquidos. Cuando un líquido es atravesado por la luz, el ángulo de refracción muestra la cantidad de sólidos que hay disueltos. El refractómetro es muy fácil de usar: hay que colocar una gota de zumo sobre una zona que posee el aparato y el mismo da una lectura que se muestra en una escala inmediatamente. Los modelos más antiguos daban a veces lecturas erróneas, ya que dependía mucho de las condiciones ambientales en las que se hacía la prueba, sobre todo la temperatura, pero hoy en día esos errores han sido solucionados con el avance de la tecnología. Este aparato también se usa durante el proceso de almacenamiento del producto en las cámaras frigoríficas y en los graneros o almacenes de productos agrícolas en general. El resultado de las mediciones aparece expresado en **grados Brix,** cuyo símbolo es **«°Bx».** Cada grado Brix equivale a un gramo de azúcar en 100 g de solución. Dependiendo de la especie vegetal, será necesario un rango concreto de grados, por ejemplo, para las manzanas es de 12 a 18 °Bx y para el melocotón de 9 a 12 °Bx.

Definición

Grado Brix (°Bx)
Es una magnitud que indica el contenido de azúcar en un líquido. En las explotaciones agrícolas, habitualmente se emplea para medir la concentración de azúcar en las frutas, verduras y hortalizas.

Refractómetro para medir la cantidad de azúcar de los frutos

- **Colorímetro:** es un aparato para determinar la madurez sobre la base de un color. Se usan escalas visuales que van mostrando el desarrollo o porcentaje del cubrimiento de la superficie de la fruta con el color deseado. Actualmente, hay colorímetros digitales que facilitan enormemente la labor al ser indicadores muy fiables y con una gran capacidad de trabajo.
- **Calibrador:** es un conjunto de anillas, de diverso tamaño, a través de las cuales se hace pasar la fruta para ver el tamaño que esta tiene y así conocer si ha llegado al calibre deseado. También existen calibradores digitales, que poseen una brida que se ajusta al tamaño del fruto y en el lector aparece la medida.

Recuerde

La escala Shore se utiliza para comprobar el grado de dureza de la fruta.

Para usar correctamente estos aparatos y tener unos resultados fiables de los índices de madurez, es necesario tomar varias muestras de distintos puntos de toda la plantación frutal. Esas muestras deben ser de frutos sanos y libres de plagas y enfermedades, suciedad, etc.

Los aparatos deben ser usados en todo momento siguiendo las instrucciones de los fabricantes y han de ser calibrados y ajustados cada cierto tiempo, dependiendo del mayor o menor uso que se haga de ellos.

Aplicación práctica

En una explotación le han encargado a uno de los técnicos que indique si ya está madura la fruta para recolectarla. Para ello, debe hacer dos informes distintos, uno para los productos climatéricos y otro para los que no lo son. Le han dado los datos concretos de color, dureza y de azúcar que cada fruta debe tener. En cada informe debe anotar la especie vegetal, la dureza y la cantidad de azúcar que tiene. En la explotación se cultivan frutas de varios tipos: ciruelas, nísperos, aguacates, limones y peras.

Indique qué tipo de especies incluirá en cada informe y qué útiles necesitará para poder realizar su trabajo. Razone su respuesta.

SOLUCIÓN

En el informe de la fruta climatérica debe incluir al aguacate, la ciruela y la pera. En el informe de la no climatérica, el níspero y el limón.

Además, necesitará:

- Un presiómetro para conocer la dureza de cada especie de fruta y poder reflejarlo en el informe.
- Un refractómetro para conocer el azúcar y así indicarlo.
- Un colorímetro, con el cual podrá determinar si la fruta está madura o no, según los datos que le han dado y así informar de ello.

5. La recolección de la fruta

En agricultura, cada tipo de cultivo tiene un método de recolección. Ello dependerá del tipo de planta. Por ejemplo, en los árboles frutales se recogen los frutos en la parte aérea de la planta (la copa del árbol), mientras que en los tubérculos, como las patatas, se recogen del suelo, que es donde se desarrollan.

En el caso de los frutales, la recogida de la cosecha debe llevarse a cabo cumpliendo los siguientes requisitos:

- No producir daños en la piel o el pedúnculo de la fruta, al ser desprendida del árbol, ya que pueden crear posteriormente podredumbres o ser una vía de entrada de plagas y enfermedades. El fruto nunca debe ser retirado del árbol mediante un fuerte tirón.
- Al recoger una fruta es importante no provocar la caída del resto de la que hay en el árbol al suelo, por lo que es recomendable comenzar desde abajo hacia arriba, y desde la parte exterior hacia el interior.
- La fruta, al ser separada del árbol, ha de recogerse sin que sufra presiones o aplastamientos, para evitar daños en la misma.
- Para no dañar los frutos, los operarios no deben llevar anillos, pulseras o brazaletes, ni las uñas largas, o bien llevar estos objetos o las manos cubiertas con guantes.
- No se debe mezclar la fruta dañada con plagas o enfermedades, manchada o deformada, con la que está en buenas condiciones.
- Si hay fruta caída en el suelo, que pueda ser aprovechable, hay que recogerla antes de comenzar con la del árbol, para evitar así dañarla por pisoteo o patadas involuntarias. Estos frutos recogidos del suelo deben ser inicialmente separados del resto de los recogidos del árbol, para posteriormente estudiarlos con detenimiento y decidir su destino final. Indistintamente de si se puede comercializar o no, el recogerla en primer lugar, antes que la del árbol, también hay que hacerlo para prevenir accidentes, ya que los operarios pueden sufrir caídas provocadas por resbalones al pisarla, tropiezos, etc.

La fruta caída en el suelo debe ser recogida antes de comenzar a recoger la del árbol.

- Si se recolecta con alta humedad ambiental, la fruta depositada en los recipientes puede quedar dañada, con aparición de manchas, debido a que la piel se reblandece, por lo que es recomendable no cosechar en días de lluvia, con niebla, etc.
- Al introducir los frutos en los envases donde se vayan a transportar, hay que evitar que sufran golpes, aplastamientos o rozaduras. Es recomendable que la fruta no sea trasvasada muchas veces de un recipiente a otro.
- Cuando se coloquen en cajas de madera, es necesario protegerlas interiormente con algún material como plásticos, cartón, poliestireno, o cualquier material, para impedir rozamientos directos entre la fruta y la madera.
- No sobrepasar la capacidad de los envases, añadiendo más cantidad para la que han sido diseñados, ya que la fruta de las capas inferiores puede sufrir daños por aplastamiento.

Caja con exceso de capacidad

Definición

Pedúnculo
Órgano que une los frutos, hojas o flores con el tallo.

Actividades

6. Indicar qué hacer con una fruta caída en el suelo.
7. ¿Por qué no se debe recoger la fruta pegando un tirón del árbol?

Es de vital importancia llevar a cabo la recolección de la fruta, cumpliendo los requisitos señalados, o, de lo contrario, todos los trabajos relacionados con el cultivo, llevados a cabo anteriormente no habrán servido para nada.

Además, la recolección tiene un alto coste de mano de obra, lo cual hace que sea una de las tareas más costosas del cultivo de frutales. Esto se debe a que en la mayoría de las ocasiones los frutos se recogen directamente del árbol de forma manual, sobre todo en los frutos de pulpa (manzanas, naranjas, peras, etc.), mientras que el uso de maquinaria queda restringido a pocas especies, como las destinadas a frutos secos, el almendro o el pistacho, u otras como el olivo. También hay que tener en cuenta que en ocasiones hay que realizar la recogida en distintas fases o «pases», dependiendo del grado de maduración que vayan teniendo los frutos.

Específicamente en algunos cultivos, la recolección de fruta es la operación más costosa de todas las que se llevan a cabo durante el proceso de producción, sobre todo en los que se consumen en fresco, llegando a ser incluso más del 50 % de los costes totales.

En la siguiente tabla se puede apreciar la gran diferencia que existe, en número de horas por hectárea, entre las necesidades de mano de obra y de maquinaria necesaria para la recolección de algunos cultivos.

Horas / hectárea	Mandarina	Nectarina	Naranja	Albaricoque
Maquinaria	20	20	27	20
Mano de obra	247	232	238	190

5.1. Planificación de la recolección

Como todas las tareas agrícolas, la recolección debe ser planificada, y para ello hay que tener en cuenta:

- Las instalaciones que serán imprescindibles para el acopio y primeros tratamientos de la cosecha, como almacenes, mecanismos para la limpieza de la fruta, etc.
- La maquinaria que será necesaria, así como su disponibilidad: tractores, remolques, plataformas elevadoras, cintas transportadoras, etc.
- Las herramientas y otros útiles que habrá que utilizar, como tijeras de poda, navajas, palés, capazos recolectores, cajas para el acopio de fruta, etc.
- Las necesidades de mano de obra y la disponibilidad de ella.
- El organigrama que se llevará a cabo durante la recolección, definiendo claramente cada puesto de trabajo y sus funciones: encargados, jefes de cuadrillas, conductores de tractores, operarios de maquinaria, peones, etc.
- Las instalaciones para el uso del personal como inodoros o aseos portátiles, zonas habilitadas para descanso, comedor, etc.
- La meteorología prevista en la época de recolección.
- La época más adecuada, dependiendo de la madurez del producto y de su destino final. La siguiente tabla indica el calendario de recolección en España de algunas de las frutas más comunes.

Fruta/mes	Ene	Feb	Mar	Abr	May	Jun	Jul	Ago	Sep	Oct	Nov	Dic
Aguacate												
Albaricoque												
Higo												
Caqui												
Cereza												
Chirimoya												

Continúa en página siguiente >>

<< Viene de página anterior

Fruta/mes	Ene	Feb	Mar	Abr	May	Jun	Jul	Ago	Sep	Oct	Nov	Dic
Ciruela												
Granada												
Kiwi												
Lima												
Limón												
Mandarina												
Mango												
Manzana												
Melocotón												
Membrillo												
Naranja												
Nectarina												
Níspero												
Paraguayo												
Pera												
Plátano												
Pomelo												

Temporada de recolección para consumo directo
Temporada de recolección temprana/tardía

Estos datos son orientativos, ya que dependiendo de la climatología de la zona, la variedad de fruta (dentro de la misma especie) y del destino final (consumo directo o industria alimentaria), las épocas señalas pueden variar. En ocasiones, en el mercado pueden encontrarse frutas fuera de las épocas señaladas, que en su mayoría vienen importadas de zonas con una climatología distinta y cuya época de recolección no es la misma.

Ejemplo

El mango es una fruta que se importa en determinadas épocas desde Brasil, donde la temporada de cosecha es de enero a marzo. Otro país del que se importan mangos fuera de la temporada de recolección habitual en nuestra zona es México, donde se recogen durante los meses de abril a septiembre. Como en España, durante esos meses, las condiciones climáticas son desfavorables para la maduración y recolección, se depende en gran medida de las importaciones para satisfacer la demanda.

5.2. Gestión y manejo de la cosecha

Cuando la fruta ha sido recogida, separada del árbol, hay que trasladarla al almacén correspondiente lo antes posible, donde comenzará el proceso de refrigeración, necesario para que el producto siga estando en óptimas condiciones de consumo.

Para efectuar este traslado es necesario emplear algún tipo de vehículo de transporte, siendo el más habitual un remolque acoplado a un tractor, o en ocasiones volquetes diseñados para transitar por zonas y terrenos irregulares. La velocidad de avance del vehículo debe ser lenta, a fin de evitar al máximo el movimiento de la carga.

Los caminos agrícolas suelen ser terrizos, con la presencia de desniveles o baches, lo que provoca que los vehículos que transitan sufran constantes saltos y balanceos. Es muy importante colocar los recipientes que contienen la fruta acoplados entre sí, y bien sujetos al remolque, para que no sufran muchos movimientos y se dañe el producto.

Cuando se cargan los recipientes en el remolque, hay que hacerlo suavemente, ya que se pueden dañar por aplastamiento las frutas que se encuentren en la parte inferior, o se pueden salir del envase las que están en las capas superiores, y sufrir daños al caer al suelo o al remolque. Una vez que los recipientes llegan al almacén, lo más aconsejable es manipularlos mediante el uso de transpaletas, carretillas o cualquier otro elemento diseñado para mover cargas.

Importante

La carga de recipientes en los vehículos de transporte ha de realizarse con suavidad, sin realizar movimientos bruscos que puedan dañar la fruta.

Cuando la fruta ya ha sido descargada del vehículo de transporte, hay que enfriarla lo antes posible, sobre todo si se deposita en un almacén donde se dan altas temperaturas. Este primer enfriamiento o «preenfriamiento» ha de llevarse a cabo hasta que alcance una temperatura que varía dependiendo del tipo de producto, y que ronda como media los 5 °C, siendo en algunos casos de 0 °C, como en las uvas o los arándanos, y en otros de hasta 13 °C, como en algunas variedades de plátanos.

El preenfriamiento tiene como objetivo prolongar la conservación y la vida comercial del producto, así como reducir el riesgo de la aparición de enfermedades en la fruta.

Lo más habitual es realizar esta operación en la conocida como «sala de preenfriamiento», diseñada y fabricada específicamente para este fin.

El siguiente paso en el manejo de la cosecha de fruta es la selección y calibrado de la misma. El objetivo de esta tarea es desechar los ejemplares dañados, así como clasificarlos según distintos tamaños.

Es de gran importancia que los frutos no aptos para su conservación, que presenten defectos causados por plagas o enfermedades, se separen del resto, ya que podrían ser una fuente de contaminación a los demás, sobre todo si tienen hongos que causen pudriciones.

Actividades

8. Buscar información sobre las tarifas que tienen los presiómetros.
9. Dibujar una manzana, indicando mediante colores, distintos estados de madurez.

Posteriormente a la selección y calibrado, se llevan a cabo otras tareas como la limpieza y lavado (eliminando tierra, insectos muertos, excrementos de pájaros, etc.), el encerado y algunos tratamientos con productos fitosanitarios para prevenir la aparición de enfermedades y plagas.

Durante todo el proceso de recolección se establecen los llamados «puntos críticos de control».

Definición

Punto crítico de control
Son las distintas etapas en las que se controlan los posibles peligros que puedan acarrear los frutos. Estos puntos van a garantizar que el producto estará en óptimas condiciones de ser consumido, y no causará daño alguno en la salud. En los puntos críticos de control se realizan tareas o acciones para eliminar, corregir o minimizar determinados peligros.

Según lo visto hasta ahora, durante el proceso de recolección los puntos de control se realizan:

- Al separar el fruto del árbol, desechando los que están enfermos o dañados por plagas y enfermedades.

- Al recepcionarlos en el almacén, antes de pasar a la sala de preenfriamiento, donde de nuevo se desechan los que no estén aptos para el consumo.
- Durante el proceso de selección y calibrado, donde de nuevo se revisan para seleccionar los que son aptos o no.

5.3. Recursos humanos

Uno de los factores más importantes e influyentes en la recolección de la fruta es la mano de obra, por lo que su gestión y organización debe ser adecuada.

Como en todas las profesiones, en fruticultura existen diversos puestos de trabajo y categorías profesionales, cada una con sus características concretas.

En la recolección de la fruta existen convenios colectivos de trabajo, que regulan estas categorías y las funciones que debe desempeñar cada una.

La siguiente tabla muestra la organización más común de los recursos humanos en la recolección:

CATEGORÍA	FUNCIONES Y TAREAS
Ingeniero o técnico	Es el personal con estudios universitarios o de formación profesional reglada, que lleva a cabo tareas de dirección general o de asesoramiento, por ejemplo, el control de los índices de maduración y el manejo de los aparatos que se usan para ello.
Encargado general	Tiene como funciones la coordinación y organización de las labores de producción y la gestión del personal de categorías inferiores. Realiza sus tareas en continua colaboración con el ingeniero o técnico, por ejemplo, la programación del calendario de trabajo.
Capataz	Es el trabajador que está a cargo directo del resto de personal, supervisando y organizando las faenas que se realizan. Está bajo el mando directo del encargado general.

Continúa en página siguiente >>

<< Viene de página anterior

CATEGORÍA	FUNCIONES Y TAREAS
Tractorista, maquinista, conductor	Es el personal que tiene los conocimientos prácticos necesarios para prestar servicio manejando tractores, vehículos de transporte o maquinaria agrícola en general, siendo además el responsable del cuidado y mantenimiento de la misma. Realiza su trabajo bajo las órdenes directas del capataz.
Especialista	Es el trabajador que posee conocimientos específicos para poder desarrollar las tareas que se le encomiendan, como la recolección directa de la fruta del árbol. También pueden realizar tareas de manejo de pequeña maquinaria agrícola, como vibradores recolectores. En ocasiones puede conducir pequeños motocultores con remolque o volquetes, dentro de la explotación agrícola, para los que no se necesita carnet de conducir específico. Realiza su trabajo bajo las órdenes directas del capataz.
Peón	Es el empleado sin formación específica, que desarrolla tareas que no exigen ningún tipo de cualificación profesional. En la recolección de la fruta suelen realizar tareas de carga y descarga de recipientes, recogida de fruta caída en el suelo, facilitar a los especialistas la colocación de escaleras, etc. Desarrolla su trabajo bajo las órdenes directas del especialista recolector.

Las categorías descritas corresponden a la realización de tareas relacionadas directamente con la recolección o la gestión de la misma. En toda explotación agrícola existen otros puestos que desarrollan trabajos más genéricos, como son los administrativos, guardas, personal de mantenimiento de las instalaciones, etc., cuyas funciones son siempre las mismas, indistintamente del tipo de cultivo o tareas que se ejecuten.

6. Recolección manual

La recolección manual hace referencia a la tarea de recoger el futo, uno a uno, con la mano. Se puede realizar de tres formas básicas:

- De pie en el suelo, recolectando la fruta sin la ayuda de otro medio, como escaleras o plataformas elevadoras. Esta tarea se realiza en las zonas más bajas de la copa del frutal, a las que el trabajador puede acceder directamente. Es muy habitual en las plantaciones de naranjos, cuya copa se encuentra en gran parte muy cercana al suelo. De hecho, hay ocasiones en que el recolector debe trabajar agachado para poder recoger las naranjas con comodidad. También se ejecuta de pie en otras especies de frutales, que se cultivan habitualmente en árboles o arbustos de poca altura, como los arándanos o las uvas.

Recolección a pie de naranjas

- Sobre una escalera, apoyada en el árbol y a la que se sube el operario. Este método se emplea cuando, de pie, no se llega a las partes altas del frutal.
- Sobre una plataforma elevadora, que porta al recolector. En este caso, la plataforma elevadora se emplea por dos motivos: para alcanzar las zonas donde no se llega con la escalera, o por razones de seguridad, ya que hay ocasiones en las que, aunque se alcance con la escalera, la tarea resulta muy peligrosa, sobre todo por la inestabilidad que presentan algunos terrenos.

Indistintamente del método utilizado, para ejecutar la recolección manual de la fruta hay que llevar a cabo los siguientes pasos:

1. Reconocimiento del terreno para ver si hay montículos, taludes o depresiones, charcos, zonas embarradas, etc.
2. Reconocimiento general del árbol o planta (forma y tamaño).
3. Localización de los frutos, ubicación de los mismos.

4. Planificación del recorrido de recolección a seguir (por ejemplo, comenzar por la parte baja y continuar hacia arriba).
5. Recolección propiamente dicha, colocando el producto en el recipiente que el operario porta a tal efecto, por ejemplo, un capazo o cubo recolector.
6. Depósito de los frutos en un contenedor para su posterior transporte.

Para separar el fruto del árbol se pueden emplear dos técnicas: el arranque manual o el uso de alguna herramienta como tijeras, navajas o cuchillos. El uso de uno u otro método dependerá del tipo de fruta. Para la mayoría de los cítricos, y algunos frutos con pulpa, como peras, manzanas o membrillos, se usa el arranque manual. En estos casos, es de gran importancia utilizar la técnica adecuada, que consiste, en primer lugar, en hacer girar el fruto sobre sí mismo, hacia derecha e izquierda, para posteriormente retirarlo. De esta forma el pedúnculo o, la mayor parte de este, queda en el árbol.

Una vez lleno el contenedor para el transporte de la fruta al almacén, este debe colocarse a la sombra, ya que las altas temperaturas pueden dañar la fruta. Siempre que sea posible hay que situarlos bajo un árbol o arbusto, o protegidos junto a un remolque, tractor, etc. Para evitar las temperaturas extremas, en muchas ocasiones la recolección se ejecuta en horario nocturno o en las primeras horas de la mañana.

También hay que tener en cuenta que el acopio de los contenedores debe realizarse en lugares con buen acceso para los vehículos de transporte.

6.1. Herramientas y utensilios

Las herramientas, equipos y útiles para cosechar fruta son muy diversos, y algunos han sido diseñados específicamente para las labores de recolección manual como los cestos o capazos para recoger aceitunas, o los recogedores de fruta con mango telescópico.

Herramientas

La principal herramienta utilizada en fruticultura es la tijera de poda. Es sencilla de usar y en el mercado existe una gran diversidad, con determinadas características y técnicas según el fabricante. Están fabricadas, fundamentalmente, de acero, aluminio y de materiales plásticos.

La selección y compra de las tijeras más adecuadas dependerá de varios factores, como las necesidades reales de trabajo, la frecuencia de utilización más o menos ocasional, o intenso, y las posibilidades de mantener las mismas en perfectas condiciones realizando en ellas las tareas necesarias de limpieza, engrase y desinfección.

Los principales tipos de tijeras para fruticultura son:

- **De yunque (o golpe).** tienen una sola cuchilla, de forma recta, que corta contra otra parte fija.
- **De paso (o *by-pass*).** También tienen una sola cuchilla, de forma curva, pero esta corta cruzándose sobre la parte fija (llamada «contracuchilla»).

Para poder alcanzar las frutas más altas, hay ocasiones en las que se emplea la conocida como «pértiga de poda», también conocida como «márcola». Se trata de un mango, de gran longitud o a veces telescópico (extensible), en cuyo extremo se halla una tijera de poda. Para poder abrir y cerrar las cuchillas dispone de una cuerda que llega al principio del mango, la cual es manejada por el operario.

También existen en el mercado tijeras mecánicas, las cuales funcionan con un motor eléctrico o mediante un sistema neumático. Las primeras funcionan mediante la energía que les proporciona una batería, y las segundas median un tubo de conexión a un compresor de aire. En ambos casos, la principal ventaja que presentan es que el rendimiento del operario es mucho mayor, ya que para su manejo tan solo es necesario apretar un gatillo, mientras que con las tijeras manuales hay que ejercer presión con toda la mano. Además, las tijeras mecánicas disponen de un sistema de seguridad que impide realizar el corte en dedos o manos.

Tijera de poda eléctrica

En ocasiones se utilizan navajas o cuchillos, aunque el corte que se realiza no es tan perfecto como el que se hace con las tijeras y es necesario hacer más esfuerzo. Además, el riesgo de tener un accidente por parte del operario es mayor al estar la hoja de corte muy cerca de la mano.

Nota

Tanto al cortar con tijeras, como con navajas o cuchillos, se debe dejar el pedúnculo lo más corto posible.

Es necesario emplear las herramientas correctamente afiladas para hacer cortes limpios y con menos esfuerzo. Deben usarse piedras de afilar, manuales o mecánicas, para mantener las cuchillas en perfecto estado.

Igualmente, hay que limpiarlas bien tras su uso, para evitar la transmisión de plagas y enfermedades, ya que es posible que en las cuchillas o en sus mangos queden hongos, virus, bacterias e incluso huevos de insectos. Para ello, es importante desinfectar todas las herramientas de corte que hayan estado en contacto con los frutos una vez que se finalice el trabajo con ellas.

Para la desinfección se usa alcohol u otro desinfectante como lejía disuelta en agua. En el mercado también existen productos desinfectantes específicos para herramientas de poda.

Las partes móviles, muelles y bisagras han de ser engrasadas periódicamente. En el caso de las tijeras mecánicas, el mantenimiento también pasa por la limpieza, engrase y lubrificación periódica, además del ajuste del resto de sus componentes, como los conectores a la batería o tubos para el aire comprimido.

Además de las tijeras y navajas, se pueden emplear los llamados «recogedores de fruta». Es una herramienta que consta de un aro circular, sobre el que se disponen varias varillas. El fruto se introduce por el aro y, al mover la herramienta, este se suelta debido a que queda atrapado entre las varillas. Disponen de una bolsa de plástico, tela o rejilla metálica, para que la fruta no caiga al suelo y pueda ser recogida posteriormente. Estas herramientas disponen de un mango de gran alcance, normalmente a partir de dos metros y, en ocasiones, de uno telescópico, cuya longitud se puede alargar o acortar según las necesidades.

Recogedor de frutas

El uso de escaleras en la recogida manual de frutos es una práctica común, habitual y muy extendida. Hay modelos diseñados específicamente para esta labor. Son de tipo tijera y tienen dos partes claramente diferenciadas: la zona de trabajo, con peldaños, y la barra de apoyo, que se apoya en el suelo para mantener la estabilidad del conjunto. Cuando el operario va a trabajar directamente apoyado sobre el árbol, la barra de apoyo se puede recoger y unir a la zona de los peldaños. Algunos modelos disponen de una bandeja de apoyo para colocar el capazo recolector.

Para la recolección manual no son adecuadas las escaleras tipo tijera de uso doméstico, ya que no ofrecen estabilidad en terrenos agrícolas.

Los materiales empleados en la fabricación de escaleras suelen ser de poco peso, como aluminio o tubos de hierro o acero huecos. En ocasiones se utiliza madera. La altura suele estar comprendida entre los dos y los cuatro metros, y están provistas de tacos antideslizantes y una cinta de seguridad para evitar que se separen la parte de los peldaños de la barra de apoyo, la cual también dispone de un puntal para asegurar su fijación al suelo.

Actividades

10. Indicar qué productos se utilizan para la desinfección de tijeras.
11. ¿Qué forma tiene la cuchilla de la tijera de tipo yunque?

Para realizar el mantenimiento básico de las escaleras hay que llevar a cabo limpiezas periódicas, revisar y ajustar los elementos de seguridad, como tacos antideslizantes y cintas de sujeción, así como controlar que los peldaños y sus uniones con las barras laterales no presentan grietas o roturas.

Escalera específica para recolección de frutos

Hay otra herramienta, empleada concretamente en la recolección de la aceituna y algunos frutos secos, que es la conocida como «vara». Se trata de un palo largo y delgado, con el cual se golpea el árbol para que los frutos caigan. Para evitar que lo hagan directamente al suelo, se coloca bajo el árbol una red o lona, que facilitará su posterior recogida. Las varas suelen ser de madera o aluminio.

Utensilios

Para portar los productos recolectados, se utilizan diversos útiles como son:

- **Capazos:** se trata de un recipiente, que suele ser de plástico, tela, lona u otro material, a veces de origen natural, como el mimbre. No son muy pesados para evitar que el operario tenga que soportar mucha carga, aparte de la propia de la fruta. Suelen tener un arnés o correa para sostenerlos con el cuerpo y tener las dos manos libres.
- **Delantales:** son fabricados con los mismos materiales que los capazos. Tienen en la parte delantera un bolsillo de grandes dimensiones donde se van introduciendo los frutos.

Además, se utilizan otros útiles como carretillas manuales, donde se vuelca la fruta recolectada con los capazos y delantales, para transportarla al siguiente árbol, donde seguirá haciéndose el acopio.

6.2. Plataformas hidráulicas

La función principal de las plataformas elevadoras es la de facilitar a los operarios el acceso a las zonas más altas de los árboles.

Se clasifican de distintas formas. Según el tipo de motor:

- **Plataformas eléctricas:** su energía procede de un motor eléctrico, que funciona mediante una batería de grandes dimensiones. Tienen un funcionamiento muy silencioso y no emiten gases contaminantes. Suelen ser de pequeño tamaño, por lo que son ideales para trabajar en plantaciones donde el espacio entre árboles es reducido.
- **Plataformas con motor de combustión:** pueden ser de gasolina o diésel, y habitualmente son las que alcanzan mayor altura. Se usan en todo tipo de terreno, ya que sus neumáticos están diseñados para trabajar en suelos con todo tipo de características. Tienen como inconveniente que emiten gran cantidad de gases contaminantes y de ruido. La mayoría son de gran peso y tamaño, comparadas con las de motor eléctrico, por lo que a veces no son adecuadas para trabajar en zonas estrechas o en suelos encharcados o embarrados, ya que se atascan.
- **Plataformas híbridas:** disponen de un motor de combustión y uno eléctrico. Dependiendo de la energía necesaria, el operario escoge uno u otro.

Se clasifican según su sistema de elevación en:

- **Plataformas telescópicas:** su sistema de elevación está basado en una serie de tramos o brazos, que entran o salen unos dentro de otros. Están accionados por un émbolo hidráulico que los hace moverse. Tienen un único brazo.
- **Plataformas tipo tijeras:** se elevan verticalmente mediante un mecanismo, que se acciona por un sistema de cilindros hidráulicos.

Izquierda: Plataforma tipo tijera Derecha: Plataforma telescópica (© Fotografía: M G White / Shutterstock.com)

- **Plataformas articuladas:** están compuestas por dos o más brazos articulados. Son las que tienen un mayor alcance a la hora de trabajar en zonas irregulares y las más adecuadas para acceder a zonas donde las otras plataformas no pueden.

Según su sistema de traslación, se clasifican en:

- **Plataformas autopropulsadas:** se mueven por sí mismas, mediante la energía que les proporciona el mismo motor empleado para la elevación.
- **Plataformas sobre camión:** se encuentran colocadas sobre un vehículo tipo camión, que forma parte del mismo. Popularmente se conocen con el nombre «camión pluma o grúa pluma».
- **Plataformas remolcables:** son las que necesitan ser remolcadas por un vehículo, normalmente un camión, aunque también puede ser un tractor. Este tipo de plataformas necesita ser muy bien estabilizadas para trabajar con ellas con toda seguridad.

Además de las clasificaciones anteriores, se pueden establecer otros tres tipos, dependiendo de la cantidad de operarios que trabajan en ella, de la organización del trabajo y de si su uso es específico para tareas agrícolas:

- **Plataformas individuales:** que tienen un habitáculo, llamado «cesta», diseñado para que únicamente trabaje una persona. En ellas el brazo puede tener movimientos horizontales y verticales. Hay modelos que arrastran un pequeño remolque para cargar las cajas donde se coloca la fruta. Habitualmente, el trabajo en este tipo de plataformas se realiza, aparte del recolector, por dos otros operarios auxiliares, que se desplazan a pie y son los encargados de coger la fruta en las zonas más bajas de los árboles.

- **Plataformas colectivas o múltiples:** que están diseñadas para un total de 6 a 8 operarios. Disponen de dos zonas, una que habitualmente es fija, y otra con posibilidad de elevarse, situándose en cada zona el número de trabajadores que corresponda, dependiendo de las tareas a realizar. Sobre cada plataforma se colocan los palés en los que se van almacenando la fruta, en las correspondientes cajas.
- **Plataformas múltiples con cinta transportadora:** este tipo de plataformas han sido diseñadas específicamente para la recolección en tareas agrícolas. La principal diferencia respecto a las anteriores es que incorporan 6 u 8 cintas transportadoras, colocadas a diferentes niveles, con la posibilidad de ajustar su altura y posición, sobre las cuales se coloca la fruta recolectada. Las distintas cintas conducen los frutos a una cinta central, la cual va llenando las cajas situadas sobre un palé.

Las plataformas elevadoras existentes en el mercado pueden alcanzar distintas alturas, desde modelos pequeños que solo alcanzan 3 o 4 metros, hasta las más grandes con una elevación superior a los 50 m, como algunos modelos de telescópicas. En medio de ese rango de alturas hay toda una gama de posibilidades. La elección de una u otra dependerá de las necesidades específicas de cada explotación.

El mantenimiento básico en estas máquinas puede ser preventivo o correctivo. En el preventivo, hay que realizar tareas de inspección visual, las cuales deben llevarse a cabo diariamente. Hay que verificar el correcto funcionamiento de todos los componentes y cambiar alguna pieza o elemento si se ha detectado que está dañada o no funciona correctamente.

Además, hay que realizar los cambios correspondientes de lubricantes (aceites), engrasantes, filtros y demás elementos, siguiendo las recomendaciones del fabricante.

El mantenimiento correctivo es muy amplio y siempre dependerá del tipo y complejidad del tipo de fallo que se produzca. Las labores que se realizan más frecuentemente, relacionadas con averías, son:

- Reemplazar o reparar componentes que no funcionan correctamente.
- Reparar partes de la estructura que han sido dañadas.
- Sustituir cristales o elementos protectores dañados de la cabina del operario (en los modelos que la llevan).
- Sustituir o reparar:
    - Cableado deteriorado.
    - Componentes electrónicos.
    - Neumáticos.
    - Elementos de seguridad, como agarraderas o rampas y escalones de subida y bajada de los operarios.

6.3. Contenedores para la recepción y el transporte

Una vez que el fruto ha sido separado de la planta, debe ser transportado hasta el almacén donde se guardará o se manipulará para comenzar el proceso de comercialización.

Esta tarea se realiza en una serie de contenedores, los cuales se colocan en un vehículo, normalmente un remolque de un tractor o un camión.

Para que el traslado sea lo más correcto posible, y la fruta no sufra daños físicos, no se vea afectada su calidad ni la seguridad alimentaria, estos contenedores deben tener las siguientes características y cumplir los siguientes requisitos:

- Hay que desechar los que estén rotos, dañados o deteriorados, sobre todo si presentan aristas cortantes, ya que pueden dañar la fruta por rozamiento.
- Usar estos envases exclusivamente para la recolección, ya que si se emplean para otros fines, se pueden contaminar con los restos de los materiales que hayan contenido.
- Deben ser lavables o de fácil limpieza, preferiblemente de materiales plásticos. Hay que higienizar los contenedores con frecuencia, mediante el uso de algún producto desinfectante, autorizado para tal uso.

- Si son de madera o de cartón, hay que cubrir el interior con algún material lavable, como lona o plástico, que se debe lavar frecuentemente, dependiendo de su uso.
- No dejar los contenedores al aire libre y vacíos en la zona de cultivo tras su uso, para evitar que se ensucien debido al polvo, las defecaciones de aves, que aniden insectos, etc. Es recomendable guardarlos en un almacén, y si esto no fuese posible, se deben dejar todos apilados y cubiertos por una lona, plástico, malla de sombreo o similar.
- Apilar los recipientes, tanto llenos como vacíos, por tamaños y modelos, con lo cual se ocupará menos espacio en el remolque o almacén.
- Siempre que sea posible, descargar los contenedores del remolque o camión apilados sobre palés, mediante el uso de carretillas cargadoras, ya que se producen menos daños en los envases.

Como elemento auxiliar al manejo de contenedores, para su uso dentro de la explotación, existen carretillas autopropulsadas, con ruedas o con cadenas de tipo oruga, las cuales disponen de una zona o batea para llevar la carga, donde se van colocando las distintas cajas con la fruta, que se encuentran diseminadas a lo largo de la zona de cultivo.

6.4. Identificación de recipientes

Los recipientes para la recolección manual, aparte de los que usa el recolector en primer lugar, como capazos o cestas de mimbre, pueden ser de distintas formas, tamaños y materiales.

Actividades

12. Explicar el motivo por el cual hay que desechar los envases rotos.
13. Buscar información sobre los problemas sanitarios que pueden acarrear para las personas dichos excrementos.

En el mercado existe una amplia gama de estos productos. Los más usados son:

- **Cajas.** Que pueden ser de plástico o madera. También las hay de aluminio, ya que es un material de poco peso y muy resistente. A veces se emplean de cartón o poliestireno, sobre todo en la recolección manual de pequeños frutos, como grosellas o arándanos. Hay modelos con las paredes y el suelo con rendijas para una correcta ventilación, otras lisas y otras mixtas, que tiene solo el suelo o solo las paredes lisas o con rejillas. Son de muy diversos tamaños, desde las más pequeñas, con capacidad para 5 o 6 l de volumen, hasta algunas que pueden tener una capacidad de hasta un metro cúbico. Una de las características de estos recipientes es que son apilables, para poder colocar unos sobre otros verticalmente, sin que la fruta contenida sufra daños. Para ello, son fabricados con distintos sistemas de ensamblaje, de manera que el propio peso de cada recipiente es el que hace que queden perfectamente unidos uno sobre el otro. Además, los de pequeño tamaño disponen de asas para que el operario pueda manejarlos fácilmente sin necesidad de hacer grandes esfuerzos. Los más grandes son cargados en el remolque mediante el uso de grúas pluma, montadas sobre camión o con carretillas elevadoras.
- **Sacos de carga.** Son recipientes flexibles, fabricados de material textil transpirable o de plástico con pequeños poros, para que dejen pasar el aire. En ellos se van depositando los frutos y posteriormente se cargan en camiones o remolques de transporte. Hay algunos de pequeño tamaño, para que puedan ser manejados por los operarios, y otros de grandes dimensiones, con capacidad de hasta 1 m^3, que deben cargarse en el medio de transporte mediante el uso de una grúa. Son conocidos popularmente con el nombre de «big-bag».

Saco de carga

- **Contenedores con rejilla de vaciado.** Son contendores especiales, que tienen en el fondo una rejilla o trampilla que se abre para ayudar en la descarga del producto. Los hay de diversos tamaños y modelos, aunque todos tiene el mismo funcionamiento. Normalmente se usan para la recogida de aceituna o productos de pequeño tamaño como frutos secos.

Consejo

Es aconsejable acolchar el interior de los contenedores, sobre todo cuando se vayan a depositar futas con la piel muy delicada, para evitar los daños que puedan causar el roce con la paredes del recipiente.

7. Recolección mecánica. Equipos

La recolección mecánica de fruta se lleva a cabo mediante el uso de diversa maquinaria, aunque, tal y como se ha comentado, la recogida manual sigue siendo hoy en día la técnica más utilizada. Esto es debido a que, en la mayoría de los casos, los frutos son muy delicados y sufren daños al ser golpeados o tratados por los elementos de las máquinas. Además, los marcos de plantación y la excesiva densidad de árboles en algunas explotaciones hacen que las dificultades para la mecanización aumenten.

La elección de un tipo u otro de maquina dependerá fundamentalmente del tipo de fruta a cosechar, del destino que tenga (consumo en fresco o industria alimentaria) y de las características de la explotación (densidad de plantación, orografía del terreno, etc.).

7.1. Vibrador manual

Es una máquina diseñada para ser manejada por un solo operario. Se emplea fundamentalmente para la recogida de la aceituna y de otros vegetales destinados principalmente a ser consumidos como frutos secos, por ejemplo almendras o avellanas.

Está formado por tres partes fundamentales:

- **Motor:** proporciona la energía suficiente para que el cabezal vibre. Pueden ser motores de combustión, habitualmente de dos tiempos, o motores eléctricos, que se alimentan mediante una batería. Hay modelos que, en lugar de llevar el motor en el mismo vibrador, disponen de una cable que les conecta a un generador de corriente, pudiendo dicho generador suministrar electricidad a varios vibradores al mismo tiempo.
- **Mango:** es la parte que conecta el motor con el cabezal, mediante un eje de transmisión que lleva en su interior. Son tubos metálicos, casi siempre de aluminio o algún tipo de aleación, aunque existen algunos modelos fabricados con fibra de carbono o materiales plásticos de gran resistencia.
- **Cabezal:** es la parte que entra en contacto con el árbol y que ejerce la vibración propiamente dicha. Existen distintos tipos de cabezales, algunos son de tipo gancho, que se colocan sobre una rama y ejercen movimiento sobre la misma, haciendo que el fruto caiga debido a la vibración. Otros, conocidos como tipo «peine», constan de una serie de varillas, las cuales van moviéndose lateralmente sobre sí mismas, y hacen caer el fruto al golpearlo directamente o debido a la vibración producida al golpear de la rama que lo contiene. Dentro de este tipo de cabezales, tipo peine,

existen varios modelos, con distintos tamaños y formas, aunque todos se basan en el mismo principio de funcionamiento.

Además de estas partes, que conforman el aparato en sí mismo, es necesario que el operario lleve un arnés, en el cual se sujeta el mango, para no tener que soportar directamente el peso de la máquina.

El manejo del vibrador es relativamente sencillo. En el caso de usar un cabezal tipo gancho, hay que colocarlo sobre una rama y poner en funcionamiento el vibrador. En el caso de usar un cabezal tipo peine, hay que ir moviéndolo sobre la copa del árbol, para que el fruto vaya cayendo al suelo.

La intensidad y potencia de la vibración pueden regularse, obteniendo así una mayor o menor fuerza según las necesidades concretas de cada caso. Para regularla, la máquina dispone de un acelerador.

Estas máquinas no son efectivas al 100 %, por lo que es necesario efectuar una recolección manual posterior.

El mantenimiento del vibrador es muy similar al resto de maquinaria agrícola diseñada para el uso de un único operario, como las motosierras y las desbrozadoras. Las tareas básicas para vibradores a motor se indican en la siguiente tabla:

Elemento o pieza / periodo de tiempo		**Antes de trabajar**	**Al acabar el trabajo**	**Después de cada descanso**	**Semanalmente**	**Mensualmente**	**Si hay problemas**	**Si presenta daños**	**Según necesidades**
Máquina completa	Inspección visual	X		X					
	Limpiar		X						
Mango de control	Comprobar el funcionamiento	X		X					

Continúa en página siguiente >>

<< Viene de página anterior

Elemento o pieza / periodo de tiempo		Antes de trabajar	Al acabar el trabajo	Después de cada descanso	Semanalmente	Mensualmente	Si hay problemas	Si presenta daños	Según necesidades
Filtro de aire (fieltro)	Limpiar						X		X
	Remplazar					X		X	
Filtro de aire (papel)	Limpiar						X		X
	Remplazar					X		X	
Bomba manual de combustible	Revisar	X							
	Solicitar al concesionario de servicio su reparación			X					
Depósito de combustible	Limpiar						X		X
Carburador	Comprobar el ajuste de ralentí	X		X		X			
	Ajuste general								X
Bujía	Ajustar la distancia entre electrodos				X		X		
	Cambiar después de cada 100 horas de trabajo								
Entradas de aire para enfriamiento del motor	Inspección visual		X						
	Limpiar				X				X
Cabezal	Inspección visual	X		X					
	Limpiar		X						
	Lubricar								X
Eje de transmisión	Lubricar								X

El mantenimiento de los vibradores con motor eléctrico es mucho más sencillo, ya que carecen de carburador, bujía, depósito de combustible, filtros y demás componentes específicos relacionados con la combustión, por tanto, las tareas a realizar son las relacionadas con la limpieza y la lubricación de las partes móviles, cuyo intervalo dependerá del tipo de lubricante empleado y del mayor o menor uso que se haga de la máquina.

Vibrador eléctrico con conexión por cable

7.2. Soplador

Como máquina complementaria a la recogida de la aceituna y de otros frutos de pequeño tamaño se utiliza el soplador. Se emplea para amontonar el producto en un determinado lugar y recogerlo posteriormente. Al igual que el vibrador, es manejado por una sola persona. Los motores pueden ser eléctricos o de combustión.

Está formado por dos partes:

- **Turbina:** que gira a gran velocidad, cuya fuerza se la proporciona un motor, que puede ser de combustión o eléctrico. Tiene las aspas colocadas de manera que el aire sale hacia adelante.
- **Tubo de expulsión:** a través del cual sale proyectado el aire a gran velocidad, que es el que empuja y amontona los frutos.

Existen modelos que tienen el tubo directamente acoplado al motor, como una prolongación del mismo y se portan en su conjunto, moviendo al mismo tiempo el motor con la barra, que son conocidas como «sopladoras de barra fija». Hay otros sopladores, llamados «de mochila», en los que el motor va colgado a la espalda del operario mediante un arnés, y el trabajador solo maneja el tubo.

El mantenimiento del soplador es el mismo que el del vibrador, excepto el del cabezal y el del eje de transmisión, ya que el primero carece de ellos. Con respecto a la turbina que genera el aire, su mantenimiento se reduce a limpiarlo periódicamente, dependiendo de la frecuencia de uso que se haga del aparato.

Soplador a motor de combustión, tipo mochila (© Fotografía: felipe caparros / Shutterstock.com)

Actividades

14. Buscar el manual de instrucciones de un vibrador manual y lea el capítulo dedicado al mantenimiento del mismo.
15. ¿Para qué sirve el tubo de la sopladora?

7.3. Cosechadora por vibración y sacudida

Al igual que el vibrador manejado por un solo operario, esta máquina obtiene los frutos del árbol mediante la sacudida o vibración del mismo. Aunque inicialmente fueron diseñados para la recolección de la aceituna y otros frutos secos, también se pueden usar para fruta destinada a la industria alimentaria, como cerezas, ciruelas, etc. Para que su uso sea rentable, todo el producto a recoger debe tener el mismo índice de maduración, ya que así hay que dar una sola pasada.

Poseen un gran rendimiento, llegando a recolectar hasta cincuenta o sesenta árboles a la hora, cinco o incluso diez veces más que con el vibrador unipersonal.

Las cosechadoras por sacudida se pueden clasificar, fundamentalmente, en dos tipos:

- **Conectadas al tractor.** La máquina funciona como un apero que se conecta al tractor, el cual la transporta y le proporciona la energía necesaria para su funcionamiento. También hay modelos de vibradores recolectores que se pueden acoplar a una máquina excavadora.
- **Autopropulsadas.** Son máquinas que se mueven por sí mismas, para lo que poseen ruedas u cadenas (tipo oruga) y tienen su propio motor para que genere la energía necesaria.

La mayoría de estas máquinas poseen una zona para recoger los frutos desprendidos del árbol y que no caigan al suelo, llamada «abanico». Popularmente, esta parte de la máquina se conoce como «paraguas», ya que tiene la misma forma que este objeto, pero invertido. Lo más normal es que el recogedor o paraguas esté fabricado con una lona textil o algún material plástico, como PVC impermeable o nailon.

En los modelos que no tienen lona de recogida, los frutos caen al suelo y son recogidos por los operarios.

El funcionamiento se lleva a cabo mediante una serie de mandos que posee el propio apero, aunque algunos modelos tienen la posibilidad de ser manejados desde la cabina del conductor del tractor, para lo cual hay que llevar a cabo una serie de conexiones, diseñadas a tal efecto.

Para recolectar la fruta, el tractor o la máquina autopropulsada se sitúa bajo del árbol, cerca del tronco principal, el cual es abrazado por los dispositivos de agarre, llamados «mordazas», que serán los encargados de realizar la vibración. Suele haber dos o tres puntos de contacto o agarre con el árbol. Las mordazas están cubiertas por materiales como caucho o alguno similar, para evitar que se dañe la corteza del frutal.

La intensidad de la sacudida puede ajustarse, dependiendo de las necesidades específicas del momento de la cosecha.

Entonces se despliega la lona, en forma circular, debajo de la copa, donde comenzarán a caer los frutos una vez sacudidos.

Finalmente, la máquina o el tractor se separan del árbol, con la lona todavía desplegada, y se dirige para descargar su contenido directamente a un remolque.

Cosechadora por sacudida

Para realizar el mantenimiento de este tipo de máquinas hay que llevar a cabo las siguientes tareas:

ELEMENTO O PIEZA	TAREA	PERIODICIDAD
Mordazas	Limpieza	Antes de cada uso
Abanico	Limpieza	Después de cada uso
	Controlar el correcto funcionamiento	Antes de cada uso
Lubricación de piezas	Engrasar, aplicar aceite u otro lubricante	Según necesidades e indicaciones del fabricante
Elementos de transmisión: correas, cadenas y rodamientos	Controlar el correcto funcionamiento	Antes de cada uso

En los modelos autopropulsados hay que prestar especial atención a los neumáticos, comprobando periódicamente que tienen la presión y banda de rodadura adecuadas. En los que tengan avance tipo oruga, es necesario corroborar que tienen los eslabones correctamente ajustados, no están desgastados y las poleas y correas de transmisión tienen la tensión adecuada.

Hay otros modelos de recolectoras diseñados específicamente para recolectar algunas frutas, como las grosellas, frambuesas y los arándanos. Se conocen como cosechadoras por «sacudida», aunque habitualmente este término se utiliza también para las de vibración descritas anteriormente.

Hay algunas autopropulsadas y otras que son arrastradas por un tractor. Su funcionamiento se basa en la rotación de un eje vertical con distintas varillas, las cuales van golpeando los frutos, que caen sobre una cinta transportadora que los desplaza hasta un depósito o tolva situado en la parte final de la máquina.

Como las plantaciones de este tipo de frutas son mayoritariamente en hileras y uniformes en cuanto al tamaño de los arbustos, estas cosechadoras son ajustables en altura, para así poder adaptarse a las dimensiones de la planta a recolectar.

La velocidad del movimiento de giro de las varillas puede controlarse, para adaptarse así a las necesidades de cada momento.

Para el mantenimiento básico de estas máquinas hay que realizar las tareas ya mencionadas anteriormente sobre otros tipos de cosechadoras: limpieza regular, sobre todo al finalizar el trabajo diario, comprobar el correcto funcionamiento de los elementos de golpeo antes de comenzar la tarea, lubricación de piezas móviles dependiendo de las recomendaciones del fabricante y frecuencia de uso, así como el ajuste de correas de transmisión, rodamientos, etc.

Consejo

Hay que utilizar los lubricantes recomendados por los fabricantes, ya que así se garantizará el correcto funcionamiento de la máquina y se alargará su vida útil.

7.4. Cosechadora barredora

Se utilizan para recoger frutos que están en el suelo, ya sea debido a que han caído de forma natural o a la acción de alguna cosechadora por vibración. Se suelen usar habitualmente en combinación con otras máquinas recolectoras, sobre todo en algunos modelos de vibradoras que no tienen recogedor del tipo paraguas.

La mayor parte de los productos recogidos con estas cosechadoras se destina a la industria alimentaria, o a ser comercializados como frutos secos, ya que en un altísimo porcentaje están dañados, por los golpes que sufren al caer desde el árbol. Únicamente se destinan a consumo directo algunos tipos de frutos que están cubiertos de forma natural por algún tipo de cáscara gruesa que los protege, como las nueces, castañas, almendras o pistachos.

Existen modelos autopropulsados y otros que van arrastrados por un tractor, con distintos anchos de trabajo.

Su funcionamiento se basa en el mismo principio que el de las barredoras de limpieza vial. Disponen de uno o varios rodillos con varillas, los cuales van girando y moviendo los frutos hacia el interior de la máquina, donde se van almacenando en una tolva o depósito que llevan en la parte trasera. Existen modelos muy diversos, de distinto diseño, aunque todos tienen el mismo funcionamiento, es decir, recoger la fruta mediante arrastre a través del cepillo. Algunos fabricantes, en lugar de colocar cepillos para barrer, colocan una serie de barras horizontales.

La altura y velocidad de los rodillos es ajustable, para adaptarse a las necesidades concretas del terreno, la cantidad y tamaño de los frutos existentes.

Como la mayoría de las cosechadoras, su mantenimiento, aparte del motor, pasa por la inspección visual y la limpieza de sus componentes; en este caso, los rodillos giratorios y el sistema utilizado para el almacenamiento en la tolva. La lubricación de las partes móviles ha de ser con los productos y periodicidad recomendada por el fabricante.

Importante

En este tipo de maquinaria es fundamental realizar las tareas de limpieza de todos sus componentes con mucha frecuencia y esmero, ya que al trabajar los rodillos directamente sobre el suelo, o muy cerca del mismo, se crea mucho polvo y se lanzan al aire pequeños objetos como hojas, ramillas, etc., las cuales pueden afectar el correcto funcionamiento de algunas piezas.

Cosechadora tipo barredora para nueces (© Fotografía: Paul R. Jones / Shutterstock.com)

7.5. Vendimiadora

Son máquinas diseñadas específicamente para la recolección de uvas, destinadas a la fabricación de vino, aunque también se usan para zumos o para su consumo como frutos deshidratados (conocidas como «uvas pasas»).

Estas cosechadoras basan su funcionamiento en el mismo principio que las recolectoras por sacudida, derriban el fruto mediante un conjunto de varillas, que suelen estar fabricadas de fibra de vidrio o de algún material plástico muy resistente, las cuales están insertadas sobre un rodillo que va girando sobre sí mismo. La uva, una vez derribada, va cayendo sobre una cinta transportadora que la desplaza hacia una tolva, donde se va almacenando. A lo largo de todo el recorrido del fruto por el interior de la máquina existen unos ventiladores, cuya misión es separar los restos no deseados que han caído de la planta, como hojas y pequeños tallos. En la mayoría de los modelos, las tolvas son basculantes, con la finalidad de descargar el contenido directamente en un remolque o batea de camión.

La altura de trabajo puede ser regulada para adaptarse al tamaño del cultivo.

Existen dos tipos fundamentales de vendimiadoras, según su forma de desplazarse:

- **Autopropulsadas.** Lo más normal es que tengan cuatro ruedas, siendo las delanteras las que pueden girar para tomar la dirección deseada. Además del motor, que le proporciona la energía necesaria para el funcionamiento de la máquina, tiene el conocido como «túnel de vendimia», donde están situados los sacudidores y la zona para la recogida de la uva una vez separada de la planta. La altura de trabajo del túnel puede regularse, para adaptarse a los distintos tamaños de las vides, así como a la orografía del terreno.
- **Arrastradas.** Van conectadas al tractor, como un apero, y es este el que le proporciona la energía para su funcionamiento. Los mecanismos para la recolección son los mismos que las autopropulsadas.

En los dos tipos, el puesto de conducción de la máquina se encuentra en una zona elevada, para que el operario pueda ver en todo momento la zona de trabajo.

En el mercado existe una amplia gama de vendimiadoras, con distintos anchos de trabajo y capacidades de carga en la tolva. Algunas máquinas pueden adaptarse para recolectar aceitunas, en el caso del olivar de cultivo intensivo, cuando se encuentran plantados en hilera y en forma de seto.

Vendimiadora autopropulsada (© Fotografía: Vytautas Kielaitis / Shutterstock.com)

Las tareas de mantenimiento de este tipo de cosechadoras constan de la inspección visual, supervisión y la limpieza de sus componentes, como los sistemas que hacen moverse a las varillas golpeadoras y el sistema utilizado para el almacenamiento en la tolva. La lubricación de las partes móviles ha de ser con los productos y periodicidad recomendada por el fabricante.

Actividades

16. Poner un ejemplo de una fruta y un tipo de cosechadora adecuada para recogerla.
17. Indicar algún tipo de cosechadora o máquina que utilice varillas en alguna parte de su mecanismo.

En una finca agrícola hay plantados manzanos, naranjos, melocotoneros y vides, cuyo uso comercial va a ser el siguiente:

- **La producción de manzanos va a ser destinada a la industria alimentaria, para hacer compota de fruta.**
- **La mitad de los naranjos, a la fabricación de zumo por una empresa que lo venderá ya envasado. La otra mitad para que sean consumidas como fruta fresca.**
- **La producción de melocotones será como fruta fresca.**
- **Los viñedos van a ser destinados a la fabricación de vino.**

Indique cuál será la mejor manera de recoger la producción, manual o mecánica, teniendo en cuenta el destino final de la fruta. Si la recolección debe ser mecánica, indica qué tipo de máquina sería la más adecuada. Razone su respuesta.

SOLUCIÓN

Para la recolección de manzanos, la mejor manera es mediante una cosechadora por vibración o sacudida, ya que los frutos, aunque sufriesen daños al caer en la lona o paraguas, serían aptos para la industria alimentaria.

Para las naranjas destinadas a zumo, igualmente lo mejor es una cosechadora por vibración. Para las destinadas a consumo en fresco, deben ser recogidas manualmente, por un operario, ya que no deben presentar golpes, rozaduras, etc.

Los melocotones, al igual que las naranjas destinadas a consumo en fresco, se deben recoger a mano.

Los viñedos, teniendo en cuenta que con su uva se fabricará vino, se deben recoger con una vendimiadora, que son las cosechadoras específicas para este tipo de fruto y ese destino comercial final.

8. Normativa sobre recipientes que contengan productos alimentarios frescos, de carácter perecedero

Existen una serie de leyes cuyo objetivo es regular los recipientes que contengan productos alimentarios frescos, de carácter perecedero, con el fin de proteger la seguridad alimentaria de los consumidores. Estas normas establecen una serie de requisitos concretos sobre la fabricación, manipulación, transporte y almacenamiento de estos recipientes.

8.1. Concepto de recipiente y de utilizador

Una de las normas principales sobre recipientes que contengan alimentos frescos es el Real Decreto 888/1988, de 29 de julio, por el que se aprueba la norma general sobre recipientes que contengan productos alimenticios frescos, de carácter perecedero, no envasados o envueltos.

Esta norma, en su artículo 2. Definiciones, describe en el punto 1:

> *1. Recipiente: Todo receptáculo rígido que contenga productos alimenticios de modo que puede alterarse su contenido por carecer de cerramiento. Estos productos alimenticios son frescos y se venderán al comprador final por piezas o por peso y no como una sola unidad de venta.*

Esta misma norma, en su artículo 5, hace referencia a la reutilización de los recipientes, y menciona que:

> *No podrán ser reutilizados los recipientes de madera, cartón y poliestireno expandido, así como aquellos que no puedan ser objeto de limpieza e higienización después de su uso.*

Esta prohibición de reutilización de estos materiales se debe a las siguientes razones:

- **Madera:** al tratarse de un material poroso, tiene la capacidad de absorber líquidos, por lo que su limpieza resulta complicada. Además, en los poros pueden incrustarse bacterias, virus y hongos, e incluso pequeños huevos o diminutas larvas de insectos en las grietas o roturas que puedan presentar.

- **Cartón:** es muy absorbente y poroso, por lo que presenta los mismos problemas que la madera. Además, se descompone fácilmente al limpiarlo con productos abrasivos, como la lejía o algunos detergentes.
- **Poliestireno expandido:** conocido popularmente como «corcho blanco», es un material muy frágil, que se rompe con poco esfuerzo. Su estructura porosa facilita la acumulación de suciedad, polvo y microorganismos como la madera y el cartón.

En el Real Decreto 888/1988, de 29 de julio, en su artículo 2, punto 2, se indica lo siguiente:

> *2. Utilizador: es la persona física o jurídica que acondiciona los alimentos frescos perecederos en los recipientes.*

Los utilizadores están obligados a realizar una serie de tareas relacionadas con la identificación de los recipientes, como se verá más adelante.

8.2. Condiciones de los materiales

Las condiciones de los materiales están legisladas por las siguientes leyes europeas:

- **Reglamento (CE) n.º 1935/2004 del Parlamento Europeo y del Consejo,** sobre los materiales y objetos destinados a entrar en contacto con alimentos, cuyos puntos más destacables son:
  - Los materiales en contacto con los alimentos han de ser seguros, de manera que no puedan transmitir ninguno de sus componentes.
  - No deben reaccionar químicamente al entrar en contacto con los alimentos.
  - Su fabricación ha de realizarse mediante procesos que garanticen su idoneidad, y no se contaminen con elementos dañinos para la salud.
- **Reglamento (CE) n.º 2023/2006, de 22 de diciembre de 2006, de la Comisión,** sobre buenas prácticas de fabricación de materiales y objetos

destinados a entrar en contacto con alimentos, cuyos puntos más destacables son:

- Los fabricantes deben establecer un sistema eficaz y continuo de control y calidad, que incluya la conservación de las fórmulas o componentes empleados en los materiales.
- En los materiales que lleven algún tipo de tinta de impresión, esta no deberá transmitirse a otras zonas ni estar en contacto con los alimentos que se vayan a contener en el envase con el que se fabrique ese material.

Recuerde

Un utilizador puede ser una persona física o jurídica.

8.3. Condiciones de los recipientes

Según la normativa, los recipientes deben cumplir las siguientes condiciones:

- No contaminar al alimento que contienen, de manera que no provoquen en el mismo una modificación en cuanto a sabor, olor, etc.
- Deben estar fabricados con un diseño que impida que su contenido entre en contacto con otros materiales, de manera que no pueda sobresalir por aberturas de ventilación, asas, etc. Esto debe aplicarse al envase completo, incluso a los elementos de que disponga para facilitar su transporte, almacenamiento o apilado.
- No deben emplearse recipientes dañados, con roturas, grietas o cualquier defecto que represente un peligro para el contenido o para el operario que los maneje.

- En ningún caso, los envases con rejillas en el fondo deben estar en contacto directo con el suelo, por lo que deben disponer de salientes o aristas, o cualquier otro sistema de protección para evitar dicho contacto.
- Antes de llenarse, el recipiente no debe tener en su interior ningún objeto, sustancia o elemento extraño que tenga capacidad de provocar contaminación al producto a cargar, por ejemplo, algún producto fitosanitario.

8.4. Limpieza e higiene de los envases

Para la limpieza de los envases se deben utilizar productos que estén autorizados en cada momento por las autoridades.

Siempre que vayan a reutilizarse recipientes, estos tienen que limpiarse e higienizarse, de manera que su nuevo uso garantice la seguridad alimentaria de los productos que se prevea que van a contener.

Para realizar la limpieza hay que tener en cuenta lo siguiente:

- Debe ser tanto por dentro como por fuera del envase.
- En primer lugar, hay que eliminar la suciedad en general, los restos de barro, materia orgánica que pudiera existir, como restos de hoja, tallos, insectos muertos, etc.
- Luego hay que aplicar algún producto limpiador y desinfectante. Esta tarea se realiza mediante la aplicación de un chorro líquido a presión. Existen máquinas específicas, tipo túnel de lavado, por las que se introduce la caja por un lado, hace un recorrido por una cinta transportadora, y sale por otro lado ya lavada. Los desinfectantes usados habitualmente son peróxido de hidrógeno (agua oxigenada), hipoclorito (lejía) y otros productos como el ácido peracético.
- Tras la limpieza, no debe quedar ningún tipo de residuo físico, ni tampoco la posibilidad de que se transmitan olores o sabores de los productos contenidos anteriormente.

8.5. Identificación de los recipientes

En todos los recipientes, o en la documentación que acompañe a su comercialización, el fabricante debe indicar una serie de aspectos como son:

- Que es para uso alimentario
- Si es reutilizable.
- Los datos del fabricante o comercializador, como el nombre o razón social, marca comercial del producto (si la tuviese registrada), domicilio, etc.

Cuando los recipientes contengan alimentos frescos perecederos que hayan sido acondicionados en España y su destino sea la venta dentro del país, el utilizador tiene las siguientes obligaciones:

- Indicar el peso vacío del recipiente.
- Si los recipientes no son reutilizables, se debe indicar la leyenda «no reutilizable».

Esta información debe estar impresa en el recipiente de forma claramente legible e indeleble.

Estas tareas, relacionadas con la identificación de los recipientes, deben ser realizadas por los utilizadores, los cuales son los responsables de su correcta ejecución.

Recuerde

Para limpiar los envases hay que utilizar productos que estén autorizados.

9. Normas medioambientales y de prevención de riesgos laborales, así como de seguridad alimentaria relacionadas con la recolección

El cumplimiento de normativa relacionada con el cuidado del medioambiente, la prevención de riesgos laborales, y la seguridad alimentaria es fundamental para garantizar el respeto por el entorno natural, así como la seguridad del personal que trabaja en la recolección como del consumidor final.

9.1. Normas de protección medioambiental

Estas leyes están continuamente en evolución, cambiando para adaptarse a las necesidades de la sociedad.

Además de velar por el cuidado del medioambiente, también incluyen aspectos relacionados con la protección de la salud humana y los daños que en las personas puedan ser causados por la contaminación del aire, el agua, etc.

La legislación medioambiental tiene un carácter multidisciplinar, en ocasiones marcadamente técnico, donde confluyen diversas competencias administrativas. Esta legislación se establece mediante los siguientes tipos:

- A nivel internacional, mediante Convenios y Tratados.
- En la Unión Europea, la legislación se dicta en forma de Directivas, Reglamentos, Decisiones, Comunicaciones y Recomendaciones.
- A nivel nacional, se crean Leyes, Normas con Rango de Ley y Reglamentos.
- A nivel autonómico, mediante Normas con Rango Reglamentario y también con Normas con Rango de Ley.
- En las distintas localidades, pueblos y ciudades mediante ordenanzas municipales.

En Europa, cada estado tiene un ordenamiento jurídico propio, si bien toda la normativa medioambiental tiene como objetivo lograr la protección del medioambiente y conseguir un sistema más sostenible. La Unión Europea tiene unos de los estándares medioambientales más altos de todo el conjunto de países, los cuales se han ido desarrollando durante décadas.

La normativa fundamental europea se fija en los artículos 11 (Título II) y 191 a 193 (Título XX) del conocido como **«Tratado de Funcionamiento de la Unión Europea»,** firmado por los todos los países que la componen, y que entró en vigor 1 de diciembre del año 2009.

Nota

Según este tratado, la consecución de un desarrollo sostenible es uno de los objetivos generales y principales, por lo que se establece un compromiso para conseguir «un alto nivel de protección y mejora de la calidad del medioambiente».

En España, una de las principales normas en materia medioambiental es la **Ley 26/2007, de 23 de octubre, de Responsabilidad Medioambiental,** que transpone al Derecho español la Directiva 2004/35/CE del Parlamento Europeo y del Consejo. Esta ley hace referencia a la prevención y reparación de daños medioambientales y se ocupa de que los causantes de los daños a determinados recursos naturales (aguas, suelo, seres vivos y espacios protegidos) respondan por los mismos.

Las principales normas estatales de protección ambiental se encuentran agrupadas o divididas haciendo referencia a los siguientes asuntos:

- Emisión de contaminantes a la atmósfera.
- Vertidos en aguas continentales.
- Vertidos en aguas marítimas y costas.
- Generación de residuos y suelos contaminados.
- Ruidos y vibraciones.
- Sustancias y preparados peligrosos.

- Licencias de actividades contaminantes.
- Normas medioambientales generales.

Para completar la legislación ambiental aplicable a una empresa o entidad por razón de su actividad o sus aspectos ambientales, sería necesario localizar e identificar, dependiendo de su ubicación geográfica:

- Legislación de la comunidad autónoma.
- Legislación local, comarcal o insular.

La normativa medioambiental relacionada directamente con la recolección es la referente al tratamiento de los residuos vegetales que se generan durante la realización de esta tarea, como son los restos de árboles y plantas, hojas y tallos, así como la fruta no apta para su comercialización.

Se trata de la **Ley 7/2022, de 8 de abril,** de residuos y suelos contaminados para una economía circular, que define en el **Artículo 2,** en su apartado ao):

> *Residuos agrarios y silvícolas: residuos generados por las actividades agrícolas, ganaderas y silvícolas.*

Esta ley indica en su **Artículo 28: Biorresiduos, apartado 4,** que las autoridades competentes promoverán el uso del compost en el sector agrícola.

Además del tratamiento de los residuos vegetales generados durante la recolección, también hay que tener en cuenta la normativa relacionada con el uso de la maquinaria empleada y sus posibles efectos sobre el medio natural. En este sentido, las leyes más importantes son:

- **Reglamento (UE) n.º 2016/1628 del Parlamento Europeo y del Consejo, de 14 de septiembre de 2016,** que limita las emisiones de gases y partículas contaminantes.
- **Real Decreto 448/2020, de 10 de marzo,** el cual indica cuáles son los requisitos mínimos necesarios para la fabricación de máquinas agrícolas.
- **Real Decreto 448/2020, de 10 de marzo,** sobre caracterización y registro de la maquinaria agrícola.

- **Real Decreto 2028/1986, de 6 de junio,** el cual aplica las normas, algunas Directivas de la CEE, relacionadas con la homologación de vehículos automóviles y semirremolques, que incluye tractores.

En toda esta normativa se incluyen algunos aspectos relacionados con el cuidado del medioambiente, ya que definen ciertas características que deben tener las distintas máquinas agrícolas, a fin de no dañar el medio natural, como la emisión de humos, ruidos, etc.

También hay leyes específicas para la gestión de neumáticos una vez que han finalizado su vida útil. Teniendo en cuenta que las cosechadoras, tanto las autopropulsadas como las de arrastre, disponen de ellos, esta normativa también es aplicable. Se trata del **Real Decreto 1619/2005, de 30 de diciembre, sobre la gestión de neumáticos fuera de uso,** que establece cuáles son las acciones a realizar con ellos una vez que han sido sustituidos.

9.2. Normas de prevención de riesgos laborales

La prevención de riesgos laborales es un tema de gran importancia y, por ello, existe una legislación específica que regula esta materia.

La principal normativa en este ámbito es la **Ley 31/1995 de Prevención de Riesgos Laborales,** que establece las obligaciones y responsabilidades, tanto de los empleadores como de los trabajadores, en materia de prevención.

Esta ley tiene como objetivo principal garantizar la seguridad y salud de los trabajadores en el desempeño de sus funciones, estableciendo medidas preventivas adecuadas a los riesgos existentes en cada puesto de trabajo. Asimismo, se establece la obligación del empresario de realizar evaluaciones periódicas de los riesgos laborales y elaborar un plan preventivo para minimizarlos.

Por otro lado, también establece las obligaciones y responsabilidades del trabajador en materia preventiva. En este sentido, se establece que el trabajador debe colaborar con el empresario en la implantación y cumplimiento del plan preventivo, así como utilizar correctamente los equipos y herramientas proporcionados para su trabajo.

Importante

En cuanto a la responsabilidad penal en materia de prevención, existe el Código Penal español, que establece penas para aquellos empresarios o trabajadores que incumplen las normativas en materia preventiva y ponen en riesgo la seguridad y salud laboral. En este sentido, se establecen penas que pueden ir desde multas hasta penas privativas de libertad.

Además, existen otras normativas complementarias a la Ley 31/1995 que regulan aspectos específicos relacionados con la prevención de riesgos laborales. Entre ellas destacan:

- **Real Decreto 39/1997, de 17 de enero, sobre los Servicios de Prevención,** que establece todo lo relacionado con el funcionamiento, organización y control de los servicios de prevención en el ámbito laboral.
- **Real Decreto 486/1997, de 14 de abril, sobre lugares de trabajo,** el cual regula las condiciones mínimas que deben cumplir las zonas donde se lleven a cabo las tareas, como los servicios, zonas de descanso, etc.
- **Real Decreto 1215/1997, de 18 de julio, sobre disposiciones mínimas de seguridad y salud** para la utilización por los trabajadores de los equipos de trabajo, en el que se establecen los riesgos, así como las medidas preventivas, ante la exposición a agentes biológicos, como virus, bacterias u hongos, y no biológicos, como temperaturas extremas o radiación solar.
- **Resolución de 4 de septiembre de 2009, de la Dirección General de Trabajo,** por la que se registra y publica el Acuerdo para la promoción de la seguridad y la salud en el trabajo en el sector agrario. Es un acuerdo específico para el sector agrario, avalada por los principales sindicatos y organizaciones agrarias.

Riesgos laborales y medidas preventivas

Durante las tareas de recolección se corren una serie de riesgos laborales que deben ser tenidos en cuenta para garantizar la seguridad y salud de los trabajadores. Los más comunes y sus medidas preventivas son:

RIESGOS	MEDIDAS PREVENTIVAS
Cortes, pinchazos y golpes. Durante la separación manual del fruto, al usar las tijeras de poda, los cuchillos pueden provocar cortes, pinchazos o golpes en las manos o en otras partes del cuerpo.	- Utilizar guantes anticorte y ropa de trabajo adecuada.
Lesiones musculoesqueléticas. La realización de tareas repetitivas puede provocar lesiones musculares o articulares en las extremidades superiores e inferiores. Este riesgo se da sobre todo en los recolectores que utilizan tijeras, al realizar el mismo movimiento durante muchas horas y en los operarios que cargan las cajas llenas de frutos, al tener que realizar mucho esfuerzo físico constantemente.	- Realizar descansos periódicos y ejercicios de estiramiento. - No doblar la espalda para subir o bajar cargas, sino flexionando las rodillas. - Evitar girar solo el tronco, es recomendable mover el cuerpo entero con los pies. - No apilar cajas a una altura superior a la de los hombros del operario. hombros del operario.
Caídas al mismo o distinto nivel. Durante el desplazamiento dentro de la explotación agrícola, por ejemplo caminando para ir de un árbol a otro o portando cajas llenas de fruta, y al subir o bajar de las escaleras, existe el riesgo de resbalar o tropezar y sufrir una caída.	- Revisar el estado del terreno antes de comenzar el trabajo. - Utilizar calzado adecuado, que proteja pies y tobillos. - No sobrecargas las cajas y usar medios mecánicos para el transporte de las mismas siempre que sea posible. - Revisar el correcto estado de las escaleras y colocarlas correctamente, bien afianzadas al árbol y al terreno.
Riesgos biológicos. Durante el trabajo es posible entrar en contacto con insectos, arañas u otros animales que pueden ser portadores de enfermedades. También es posible que se produzcan daños por picaduras de insectos como, por ejemplo, avispas o garrapatas.	- Usar protección ocular o mascarilla en caso necesario.
Fenómenos atmosféricos adversos. La exposición continua al frío y el calor intenso, así como la lluvia y al viento, pueden ser la causa de daños en los trabajadores, provocando golpes de calor, quemaduras en la piel, deshidratación, problemas respiratorios, entumecimiento de dedos, aspiración de polvo y pequeñas partículas, etc.	- Evitar la exposición directa al sol de la cabeza, usando gorra o sombrero. - Usar crema solar protectora para la piel. - Beber agua frecuentemente. - Usar mascarilla y protección ocular cuando sea necesario, para evitar respirar polvo y que entre en los ojos. - Con temperaturas muy frías, usar ropa y calzado adecuado.

Continúa en página siguiente >>

<< Viene de página anterior

RIESGOS	MEDIDAS PREVENTIVAS
Accidentes con maquinaria. Al trabajar con tractores, remolques o cosechadoras, se pueden producir accidentes como: - Caídas al subir o bajar del tractor o máquina recolectora. - Caídas desde la plataforma elevadora. - Atrapamiento con partes móviles de la maquinaria, como correas o cintas transportadoras. - Atropellos por el tractor o maquinaria. - Atrapamientos por vuelco del tractor o por la cosechadora.	- Comprobar los elementos de seguridad de la máquina o vehículo, observando su estado y correcto funcionamiento. - Trabajar con arnés anticaída sobre las plataformas elevadoras, aunque dispongan de barandilla de seguridad, sobre todo cuando estas se sitúen o transiten en terrenos inestables o con baches, pendientes, etc. - No trabajar con ropa muy ancha, ni objetos como collares o pulseras, para evitar que pudieran quedar atrapados por las partes móviles de la maquinaria. - Usar ropa de alta visibilidad para ser detectado por los conductores. - Usar tractores homologados con barra antivuelco.

Además, se recomienda tomar las siguientes medidas generales:

- Utilizar los equipos y maquinaria adecuada para cada tarea, asegurándose siempre de que estén en buen estado.
- Tener una formación específica sobre el manejo seguro de la maquinaria.
- Usar equipos de protección individual, como ropa de alta visibilidad, guantes, gafas, cascos, calzado de seguridad, cascos cuando sea necesario, etc.
- Señalizar correctamente las zonas donde se está trabajando para evitar accidentes con terceros.
- Planificar previamente el trabajo a realizar para evitar situaciones peligrosas o imprevistas.
- Tener una formación e información adecuada en materia de seguridad laboral: es fundamental que los trabajadores reciban una formación adecuada sobre los riesgos laborales asociados a su trabajo y las medidas preventivas necesarias para evitarlos.

Aplicación práctica

A un trabajador, en el primer día de cosecha, le han encargado que recolecte manualmente la fruta que hay en la explotación, con las siguientes características: se trata de una parcela de manzanos, con una altura total de 2,5 m, y una parcela de naranjos, cuya altura total es de 8 m. El terreno en toda la zona tiene irregularidades, hoyos y taludes, donde crecen plantas espinosas. Le han informado que mientras él realiza esa tarea, por toda la explotación habrá tránsito de tractores y remolques trabajando. Le han proporcionado los siguientes elementos para el desempeño de su trabajo:

- **Unas tijeras de poda.**
- **Unos guantes de látex.**
- **Un capazo con arnés de agarre al cuerpo.**
- **Unas gafas oculares protectoras.**
- **Pantalones, camiseta, sudadera, chaqueta y anorak homologados como ropa de trabajo.**
- **Una escalera de aluminio de tipo tijera, de alcance máximo de 5 m, de uso doméstico.**

Indique si el trabajador podrá llevar a cabo o no su trabajo, y así cumplir las órdenes recibidas. En el caso de que no pudiera, ¿qué le sería necesario para hacerlo? Razone su respuesta.

SOLUCIÓN

El operario no podrá realizar su trabajo, ya que no dispone de todos los elementos, por lo que necesitaría:

- Botas de seguridad, para garantizar su seguridad ante un terreno irregular y con peligro de tropiezos y contacto con plantas espinosas.
- Ropa de alta visibilidad, para evitar atropellos por la maquinaria que transitará por el lugar.
- Para recolectar las manzanas, debería tener una escalera específica para cosechar manualmente, ya que la de uso doméstico, aunque tenga una altura superior a la de los manzano, no es adecuada, por seguridad, para la recolección.
- Para recolectar las naranjas, necesitaría una plataforma elevadora, ya que no puede acceder a ellas al encontrase a 8 m de altura.
- Unos guantes anticorte, para protegerse de accidentes mientras maneja las tijeras.

9.3. Normas de seguridad alimentaria

La seguridad alimentaria, en lo que respecta a la recolección de fruta, se refiere a la garantía que debe existir para el consumidor final de que los productos son seguros y no representan un daño para la salud.

Tal y como se ha explicado, la realización de las labores de cosecha y manipulación de los frutos en el campo puede causar problemas en los mismos, por ejemplo, si se deteriora la piel de una manzana, es posible que aparezcan hongos, los cuales pueden dar lugar a pudriciones en la pulpa, que provoquen daños en las personas que la consuman.

Los principales aspectos a tener en cuenta para garantizar el bienestar de los consumidores son:

- **Correcta manipulación del fruto:** evitando que se produzcan daños por rozaduras, golpes, magulladuras, etc., evitando así que sean atacados por bacterias, virus, hongos, insectos, etc.
- **Limpieza adecuada:** el producto se debe limpiar de las impurezas propias de la explotación agrícola, como el polvo, la tierra y el barro, restos vegetales como hojas y tallos, etc.
- **Correcto almacenamiento:** la fruta recolectada debe ser almacenada de manera que no se produzca un deterioro de la misma.
- **Control de residuos de productos fitosanitarios:** en la agricultura convencional, el uso de estos productos es muy habitual, y aunque únicamente se pueden emplear los que estén regulados en cada momento por las autoridades, en muchos de ellos es necesario guardar un **plazo de seguridad** entre el momento de la aplicación y la recolección. Esto es de vital importancia, ya que de no cumplirse ese plazo, el producto puede contener restos del fitosanitario empleado. El plazo de seguridad varía según cada producto, y se especifica en la etiqueta y en la ficha de seguridad que lo acompaña.

Existe una serie de normativas que garantizan la seguridad alimentaria, a nivel general. En España, una de las más importantes es el **Reglamento (UE) n.º 543/2011 del 7 de junio de 2011,** que determina una serie de criterios de calidad que deben cumplir las frutas, como son la forma, color, tamaño, y que presenten daños. De esta forma, los productos recolectados cumplirán el mismo estándar de calidad.

También hay que tener en cuenta la **Ley 17/2011, de Seguridad Alimentaria y Nutrición,** que rige las obligaciones para garantizar que el consumo de alimentos sea seguro. Todos los implicados en la producción y comercialización de alimentos deben cumplirla, siendo uno de sus aspectos destacados el seguimiento de la trazabilidad, que permite hacer un seguimiento de un alimento a lo largo de todo su recorrido.

A nivel internacional, la FAO (Organización de las Naciones Unidas para la Alimentación y la Agricultura), organismo de la ONU (Organización de Naciones Unidas), creó en el año 2003 el **Código de Prácticas de Higiene para las Frutas y Hortalizas Frescas (CXC 53-2003),** cuyo principal objetivo es controlar los posibles riesgos que se puedan producir en el cultivo y venta de este tipo de productos. Para ello, recomienda llevar a cabo las siguientes acciones:

- Promover buenas prácticas agrícolas y de higiene en todo el proceso, desde su producción primaria hasta su consumo por el cliente final.
- Minimizar los peligros que puedan causar patógenos naturales, así como productos químicos, y marcar las pautas para ello.
- Normalizar las medidas, tomar y adoptarlas por todos los sectores implicados.

Este código ha sido actualizado en diversas ocasiones, como el realizado en el año 2013, donde se añadió un anexo específico para las frutas de baya como las grosellas, las frambuesas, los arándanos, etc.

10. Resumen

La maduración de la fruta es un proceso en el que intervienen una serie de procesos fisiológicos, que hacen que esta llegue al punto ideal para su recolección.

Dependiendo de la especie vegetal de la que se trate, el fruto tardará más o menos en estar maduro, y se podrá recolectar en un momento concreto, con un margen de tiempo muy corto, o con rango más amplio. También, según la especie, se podrá comercializar antes o después, según sean climatéricas o no.

Para conocer si el producto está en su momento óptimo para ser cosechado, se siguen una serie de parámetros y se utilizan útiles y aparatos específicos, como el presiómetro, el refractómetro, el colorímetro o el calibrador.

La recolección debe cumplir una serie de requisitos para garantizar que la calidad de la fruta no se ve alterada, ni durante el proceso de separación de la planta, ni durante su transporte y posterior almacenaje. Para ello, debe existir una correcta planificación en cuanto a calendario de trabajo, necesidades de maquinaria, recursos humanos, instalaciones, etc.

La recogida del fruto puede ejecutarse de manera manual o mecánica. En el primer caso, hay que prestar especial atención a que no se dañe el producto, ya que habitualmente su destino será el consumo directo como alimento fresco. Para la recogida manual se emplean, además de herramientas manuales como tijeras o escaleras, plataformas elevadoras para que los operarios alcancen las partes altas de los árboles.

En la recogida mecánica se utilizan una gran diversidad de máquinas, como vibradores manuales y sopladoras, cosechadoras por vibración, barredoras y vendimiadoras.

Todo el proceso de recolección se debe realizar con seguridad para los trabajadores, que han de cumplir con la legislación en materia de prevención de riesgos laborales. Además, hay que tener en cuenta la normativa existente sobre el cuidado del medio natural, y la que garantiza la salud del consumidor final, así como las leyes de protección de la cadena alimentaria.

Ejercicios de repaso y autoevaluación

1. **Indique cuándo comienza a desarrollarse el fruto.**

2. **Enumere al menos tres métodos para conocer cuándo la fruta está madura.**

3. **¿Qué porcentaje de semillas deben tener un color oscuro para saber si la fruta está madura?**

    a. 80 %.
    b. 60 %.
    c. 50 %.
    d. 75 %.

4. **¿Qué son frutas no climatéricas?**

5. **Agrupe las siguientes frutas en climatéricas y no climatéricas**

    Níspero, albaricoque, ciruela, cereza, limón, manzana.

6. ¿Qué aparato se utiliza para medir la madurez de la fruta mediante la escala Shore?

____

____

7. ¿Cuáles son los parámetros o índices químicos de la madurez de la fruta?

____

____

8. ¿Cómo se expresa la cantidad de azúcar de la fruta?

a. En grados Briz, °Bz.
b. En grados Brix, °Bx.
c. En grados de azúcar por 100 g.
d. En gramos de azúcar por 100 g.

9. ¿Cómo se debe recoger la fruta de un árbol?

a. Desde abajo hacia arriba, y desde la parte exterior hacia el interior.
b. Desde arriba hacia abajo, y desde la parte interior hacia la parte exterior.
c. Desde abajo hacia arriba, y desde la parte interior hacia el exterior.
d. Desde arriba hacia abajo, y quitándole el pedúnculo.

10. De los siguientes frutos, indique cuáles se pueden recoger con la cosechadora barredora para su consumo directo en fresco.

Manzana, pera, castaña, melocotón, almendra, caqui.

____

____

11. ¿Cómo se llama a la etapa que garantizará que un producto estará en óptimas condiciones de ser consumido.

a. Punto de verificación.
b. Punto de recepción de control.
c. Punto óptimo de control.
d. Punto crítico de control.

12. Indique cuál es el objetivo del preenfriamiento y qué relación tiene con las enfermedades de la fruta.

____

____

13. ¿Para qué sirve el abanico o paraguas en una cosechadora vibradora?

a. Para hacer vibrar el árbol y que la fruta caiga al suelo.
b. Para hacer vibrar el árbol y que la fruta caiga en la tolva o batea.
c. Para recoger la fruta que cae del árbol.
d. Para cargar los sacos llenos de fruta.

14. Agrupe las siguientes medidas preventivas según vayan destinadas a:

a. Evitar lesiones musculoesqueléticas.
b. Evitar caídas al mismo o distinto nivel.

Medidas preventivas:

__ Realizar descansos periódicos y ejercicios de estiramiento.
__ Revisar el correcto estado de las escaleras y colocarlas correctamente, bien afianzadas al árbol y al terreno.
__ No doblar la espalda para subir o bajar cargas, sino flexionando las rodillas
__ No sobrecargar las cajas y usar medios mecánicos para el transporte de las mismas, siempre que sea posible.

15. Indique los dos tipos de sopladoras que existen dependiendo de cómo sea su motor.

Capítulo 2
Transporte

Contenido

1. Introducción

Una vez que la fruta ha sido recolectada, su transporte es una etapa crucial en la cadena de comercialización, donde hay que tomar una serie de precauciones especiales para evitar daños y pérdidas. Desde la carga y descarga de contenedores, hasta el uso de equipos como cintas transportadoras o remolques, cada paso requiere gran atención para garantizar la frescura del producto y la seguridad alimentaria. El mantenimiento adecuado de toda la maquinaria y vehículos que intervienen en el proceso ha de ser el correcto y se debe cumplir con toda la normativa que rige el transporte de alimentos frescos, para asegurar el cumplimiento de los estándares de higiene y calidad.

Es necesario proteger la salud de las personas que trabajan en las operaciones relacionadas con el transporte, así como cuidar el medioambiente.

2. Contenedores

El transporte de la fruta debe realizarse con el máximo cuidado para evitar que se dañe. Los recipientes en los que se encuentra, cajas, sacos, etc., deben ser en primer lugar cargados, y una vez lleguen al lugar de destino, descargados.

2.1. Carga y descarga

Los contenedores pueden cargarse o descargarse en remolques y camiones, de manera manual o mecánica:

- **Manual:** se realiza por los operarios, cuando se trata de pequeñas cantidades, o cuando no es viable la entrada de maquinaria agrícola, por el tamaño de la explotación, por la ubicación de las plantas o densidad de plantación, por circunstancias del terreno, etc.
- **Mecánica:** se emplean máquinas que pueden ser muy diversas. En algunos casos son del mismo tipo que se emplean en el sector de la construcción o de la industria. Los equipos mecánicos se pueden clasificar básicamente en dos grupos, los que se acoplan al tractor, y se

consideran, por lo tanto, aperos, y los que son autónomos, que funcionan por sí mismos.
Los aperos que se conectan al tractor son:

- **Cargador frontal,** conocido habitualmente como «pala cargadora», para mover grandes volúmenes o pesos.
- **Horquilla estibadora,** que se utiliza para los palés.
- **Grúa trasera,** que se emplea para elevar los contenedores de gran peso o volumen mediante correas de agarre.

Los equipos autónomos se conocen como **«carretillas cargadoras»,** las cuales pueden llevar instalados diversos accesorios, como pinzas de agarre, horquillas para los palés, o pala cargadora. En ocasiones se utiliza un **camión con grúa** cargadora, conocidos popularmente como «camiones pluma».

Toda esta maquinaria siempre es manejada por un operario, el cual la controla mediante los mandos correspondientes.

Carretilla para carga y descarga

Para mover los contenedores, en las zonas de carga y descarga, también se usa la **transpaleta.** Es un elemento específicamente diseñado y fabricado para mover objetos sin esfuerzo, en superficies lisas, por un solo operario. Se emplea habitualmente para trasladar palés y cajas de gran volumen o peso. En el transporte de fruta se emplea para mover los contenedores de un lugar a otro, en las proximidades o en el interior de los almacenes. Consta de dos horquillas con ruedas, y un brazo con una empuñadura. Posee un sistema hidráulico que le permite bajar o subir de altura, para así adaptarse al palé. Existen modelos manuales, de los que hay que tirar, y modelos eléctricos, que se mueven mediante batería.

El mantenimiento básico de las máquinas y equipos para la carga y descarga de contenedores se realiza mediante las siguientes acciones:

MÁQUINA / EQUIPO	TAREA	PERIODICIDAD
Tractor, cargador frontal y grúa trasera	- Verificar fugas de aceite y nivel en el sistema hidráulico. - Verificar líquido de frenos. - Revisar y controlar aire, grietas o desgaste en neumáticos. - Limpiar y alinear focos y espejos.	Diaria.
	- Cambiar aceite de motor, filtros y líquidos hidráulicos. - Recargar el refrigerante del motor. - Limpieza del sistema de refrigeración del motor. - Inspección y ajuste de la transmisión o la correa del ventilador. - Reemplazo de bujías. - Drenaje y limpieza del radiador.	Según recomendaciones del fabricante.
Horquilla estibadora y transpaleta	- Limpiar y lubricar las barras de la horquilla. - Verificar el estado de los retenes.	Diaria.
Carretillas cargadoras	- Inspección y limpieza. - Verificación de componentes como baterías, frenos, neumáticos y sistemas eléctricos.	Diaria.
	- Cambios de filtros, líquidos y otras piezas. - Lubricación.	Según recomendaciones del fabricante.

Actividades

1. Indicar cuál es la frecuencia con la que hay que revisar y controlar el aire, las grietas o el desgaste de un neumático de un tractor.
2. Buscar información sobre las capacidades de carga máxima que tienen las carretillas cargadoras.

2.2. Transporte

El sistema de transporte dentro de una explotación de fruta es el conjunto de infraestructuras, vehículos y operarios necesarios para llevar los productos de un lado a otro. Se incluyen los caminos y vías que comunican las diversas partes de la explotación.

Toda la maquinaria y los vehículos usados para el transporte, indistintamente del tipo que sean (camión, remolque, grúa, etc.), tienen en común que mueven cargas de un lado a otro.

Cuando el producto es transportado, debe estar colocado de manera que cumpla los siguientes requisitos:

- No podrá sobrepasar en ningún momento la masa o peso máximo autorizado para el vehículo.
- No podrá producirse la caída total o parcial de la carga.
- No podrá desplazarse dentro del remolque o caja.
- La carga debe estar correctamente sujeta y no debe desestabilizar al vehículo.

Los elementos que más se usan para el transporte en el interior de la finca son los conocidos como «tractocarros», que son pequeños tractores con remolque, cuyo mantenimiento es el mismo que cualquier tractor y su apero.

Definición

Tractocarro
Vehículo autopropulsado, de uno o dos ejes, especialmente diseñado y construido para el transporte de material. Consta de un motor, dos o cuatro ruedas, y un remolque para la carga. El remolque puede ser de uno o más ejes.

Para transportar la fruta fuera de la explotación se usan remolques o camiones. Las principales especies de frutas para consumo fresco, como manzanas, melocotones, peras, etc., se colocan en la caja de carga o batea, en recipientes o contenedores apilables. Las especies destinadas a uso industrial o a frutos secos, como nueces o almendras, se pueden cargar también en sacos o en contenedores con rejilla de vaciado.

Cuando el producto es transportado en el exterior de la finca, en una vía pública, deberá ir asegurado, de manera que cumpla los siguientes requisitos:

- No puede ocultar las luces de alumbrado ni los dispositivos de señalización, así como tampoco placas de matrícula ni otras señales obligatorias.
- La carga, cuando tenga una longitud no divisible, puede sobresalir según la normativa específica existente para ello.
- Hay que cubrir con una lona o malla los productos que puedan provocar polvo, desprender partículas o malos olores. Esta lona debe cubrir el producto de una manera eficaz y completa.

Actividades

3. Buscar información sobre los distintos modelos de tractocarros usados en agricultura.

3. Remolques especiales

Los remolques para uso agrícola son considerados **vehículos especiales** dentro de la normativa de circulación de vehículos. Se usan para transportar la cosecha, el ganado y los productos agrícolas, tanto en el interior de la explotación como en sus proximidades.

Habitualmente tienen unas grandes dimensiones y pesos muy elevados, ya que su diseño y construcción están pensados para transportar mucha cantidad de cargas, como cosechas, maquinaria, etc. Algunos pueden tener una velocidad de circulación máxima limitada.

Están formados por un chasis, ruedas y la superficie destinada a la carga. La superficie de carga se conoce como «caja», que normalmente es de fondo plano y unos laterales o paredes metálicas. Esta caja es modificada o adaptada según las características y condiciones concretas de los productos transportados. El remolque se une al tractor mediante un dispositivo conocido como **«enganche».** Existen distintos tipos de enganches: de bola, de gancho o de anillo, entre otros, que se emplean según el tipo de remolque y de tractor.

Los remolques han de cumplir una serie de requisitos para poder circular en vías públicas, ya que además de su uso dentro de la explotación agrícola, se emplean para circular con ellos y transportar mercancías. Todos deben estar **homologados,** así como de disponer de una serie de documentación y requisitos para poder circular.

Existen una serie de remolques especiales diseñados específicamente para el transporte de frutas, algunos son modelos abiertos, y otros carrozados, donde se puede llevar el control de las condiciones ambientales como la temperatura, la humedad y la ventilación. Algunos disponen de sistemas de refrigeración o calefacción para garantizar que la fruta llegue en óptimas condiciones al almacén.

Remolque siendo cargado por cinta transportadora

Para realizar el mantenimiento de un remolque agrícola hay llevar a cabo las siguientes acciones:

ELEMENTO O PIEZA	TAREA	PERIODICIDAD
Ruedas	Verificar la presión de los neumáticos y ajustar según necesidades	Cada 2 semanas
Frenos	Inspeccionar el sistema de frenos Reemplazar las pastillas en caso necesario	Anualmente
Luces	Comprobar el funcionamiento de las luces (faro, intermitentes, luces traseras)	Mensualmente
Enganche	Lubricar el enganche y verificar su estado	Trimestralmente
En los remolques o contenedores que estén carrozados y dispongan de sistema de control ambiental, hay que realizar las siguientes tareas:		
Compresor	Inspeccionar y lubricar para asegurar un rendimiento óptimo	Trimestralmente
Sistema de refrigeración / calefacción	Verificar el nivel de líquidos, recargar si es necesario	Semestralmente
Ventilación	Inspeccionar los conductos y filtros de aire, reemplazar si es necesario	Mensualmente
Evaporador	Limpiar y revisar su funcionamiento para mantener la temperatura adecuada y eliminar la humedad	Semestralmente

Los intervalos mencionados pueden variar según las especificaciones concretas del remolque y las recomendaciones del fabricante.

Actividades

4. Indicar cuáles son las condiciones ambientales que se pueden controlar en un remolque carrozado.
5. Explicar cómo se llama el dispositivo que une al remolque con el tractor.

Aplicación práctica

En una explotación agrícola se ha contratado a un operario para que realice el mantenimiento de un remolque agrícola carrozado, con sistema de refrigeración. Le han proporcionado las herramientas y medios para realizar las siguientes tareas:

- **Verificar la presión de los neumáticos y ajustar según necesidades.**
- **Inspeccionar el sistema de frenos.**
- **Reemplazar las pastillas en caso necesario.**
- **Comprobar el funcionamiento de las luces (faro, intermitentes, luces traseras).**
- **Lubricar el enganche y verificar su estado.**

Indique si realizando esas tareas se podrá mantener correctamente el remolque o tendrá que realizar alguna más, especificando en ese caso cuáles son, y su periodicidad. Razone su respuesta.

SOLUCIÓN

No podrá mantener correctamente el remolque, ya que esas tareas no incluyen las que son específicas para vehículos carrozados, que son las siguientes:

- Para el compresor, trimestralmente, inspeccionar y lubricar para asegurar un rendimiento óptimo.
- Para el sistema de refrigeración/calefacción, semestralmente, verificar el nivel de líquidos, recargar si es necesario.

Continúa en página siguiente >>

<< Viene de página anterior

- Para la ventilación, mensualmente, inspeccionar los conductos y filtros de aire, y reemplazar si es necesario.
- Para el evaporador, semestralmente, limpiar y revisar su funcionamiento para mantener la temperatura adecuada y eliminar la humedad.

4. Cintas transportadoras

Es muy habitual el uso de cintas transportadoras para la carga del camión o remolque. Son máquinas móviles, por lo que se trasladan fácilmente de un lado a otro de la explotación y los operarios depositan sobre ellas el producto cosechado, el cual va subiendo por la cinta hasta caer en el contenedor o ser recogido por otro operario.

La cinta transportadora, o también conocido como **«transportador de banda»,** es un aparato diseñado y construido para llevar a cabo un transporte continuo de objetos.

La forma una banda continua, la cual se va moviendo arrastrada entre dos tambores, que se mueven por un sistema de transmisión que proviene de un motor.

La banda se encuentra en tensión entre los dos tambores y en medio tiene otros rodillos llamados *rodillos de soporte.*

Cinta transportadora de aceitunas

La cinta se coloca en perpendicular al remolque o camión, aunque a veces también puede colocarse con otra inclinación, de manera que tenga una parte cerca del suelo, para que los operarios tengan acceso a ella y la otra parte se sitúa justo arriba de la caja del remolque o camión.

El producto objeto de la carga se coloca en la zona inferior, que va siendo transportado por la cinta hacia arriba. Cuando llega al final, cae por gravedad sobre el camión o remolque, o es recogido por otro operario.

En fruticultura se usan para mover cajas llenas de fruta, donde intervienen dos operarios, uno que las carga y otro que las recoge. También se pueden usar para mover el producto a granel, que cae directamente en el remolque, tolva o camión.

Las cintas transportadoras se usan en la explotación agrícola y también en el almacén, donde llega la fruta y comienza el proceso de limpieza y preparación para su comercialización.

Nota

Existen modelos que tienen la posibilidad de instalarse haciendo curvas en su recorrido, adaptándose así a las necesidades de las instalaciones.

Para realizar el mantenimiento de este tipo de máquinas, hay llevar a cabo las siguientes acciones:

ELEMENTO O PIEZA	TAREA	PERIODICIDAD
Rodillos	Limpieza, controlar el correcto funcionamiento	Antes de cada uso

Continúa en página siguiente >>

<< Viene de página anterior

ELEMENTO O PIEZA	TAREA	PERIODICIDAD
Cinta	Limpieza	Después de cada uso
	Alineación	Antes de cada uso, comprobar que la cinta se mantenga en su trayectoria correcta. Utilizar guías laterales para prevenir desviaciones y ajustar la alineación.
	Controlar la correcta tensión	Antes de cada uso
Lubricación de piezas	Engrasar, aplicar aceite u otro lubricante	Según necesidades e indicaciones del fabricante
Elementos de transmisión: correas, cadenas y rodamientos	Controlar el correcto funcionamiento	Antes de cada uso

Siempre es aconsejable realizar un mantenimiento preventivo, llevando a cabo revisiones regulares para identificar problemas lo antes posible.

Es muy importante, en este tipo de maquinaria, buscar indicios de desgaste, daños o acumulación de material en la superficie de la cinta transportadora.

La desalineación es un problema muy común, y para evitarlo hay que asegurarse de que la cinta se mantenga en su trayectoria correcta y continuamente.

Actividades

6. Buscar información sobre el uso de cintas transportadoras en otras actividades fuera del ámbito agrario, como en la industria alimentaria, o en el sector industrial.
7. Dibujar una cinta transportadora de manera básica. Escribir de forma clara cuál es el nombre de cada una de sus partes.

5. Normas medioambientales y de prevención de riesgos laborales, así como de seguridad alimentaria relacionadas con el transporte

Durante el transporte es esencial cumplir con las normas relacionadas con la protección del medioambiente, la prevención de riesgos laborales y la seguridad alimentaria. Con ello se garantiza el cuidado de la naturaleza y la salud de las personas.

5.1. Normas de protección medioambiental

Para no dañar el medio natural es necesario tomar las siguientes medidas:

- **Usar vehículos y máquinas eficientes:** que cumplan con estándares de eficiencia energética y de bajas emisiones, como pueden ser vehículos eléctricos, híbridos o que utilicen combustibles menos contaminantes.
- **Optimizar las rutas:** planificando los viajes, tanto dentro como fuera de la explotación agrícola, de manera que se reduzcan al máximo las distancias a recorrer y, por tanto, el consumo de combustibles y las emisiones de gases contaminantes.
- **Emplear embalajes sostenibles:** utilizando materiales que se puedan reciclar o reutilizar.
- **Reducir al máximo las emisiones de gases:** usando tecnologías y ejecutando prácticas que ayuden a reducir las emisiones de la maquinaria empleada en la carga y descarga, así como de los vehículos durante el transporte. Para ello, es necesario realizar un mantenimiento preventivo adecuado de los motores.
- **Gestionar eficazmente los residuos:** estableciendo procesos para el tratamiento adecuado de los residuos generados durante el transporte de las frutas, como el reciclaje de envases desechables y el tratamiento adecuado de los residuos orgánicos, como la fruta estropeada durante la carga, descarga o traslado.
- **Disminuir la contaminación acústica:** implementando medidas para reducir el impacto acústico de la maquinaria en el entorno, como el uso de silenciadores en los motores y en el resto de mecanismos.

- **Formar al personal:** proporcionando formación ambiental a los operarios, con la finalidad de concienciar sobre la importancia de proteger el medio ambiente en todas las operaciones.

5.2. Normas de prevención de riesgos laborales

Durante la carga, descarga y transporte de contenedores en remolques, se corren una serie de riesgos laborales que deben ser tenidos en cuenta para garantizar la seguridad y salud de los trabajadores. Los más comunes y sus medidas preventivas son:

RIESGOS	MEDIDAS PREVENTIVAS
CARGA Y DESCARGA: APEROS Y CARRETILLAS CARGADORAS	
Golpes y atrapamientos: provocados por los elementos móviles de la pala cargadora, y grúa trasera, como brazos extensibles, horquillas, etc.	Proteger y señalizar los elementos móviles de las máquinas. Mantener una distancia segura de las zonas de carga y descarga. No usar ropa holgada, bufandas o cadenas, pulseras u otro objeto que pueda atraparse en las partes móviles.
Caídas a distinto nivel: al acceder a la cabina del conductor o manejar los mandos del apero.	Mantener limpias las zonas de acceso a los mandos de control o cabina del conductor.
Golpes por caída de objetos en altura: que pueden provocar daños en cabeza o resto del cuerpo.	No apilar cargas de manera inestable. Usar casco.
CINTA TRANSPORTADORA	
Atrapamientos: pueden ocurrir cuando partes del cuerpo, ropa o extremidades quedan atrapadas entre la cinta y los rodillos.	Utilizar calzado de seguridad y guantes de protección. No usar ropa holgada, bufandas o cadenas, pulseras, u otro objeto que pueda atraparse.
Contactos térmicos: contacto con partes calientes de la cinta o el motor puede causar quemaduras.	No realizar tareas de mantenimiento cuando el motor esté caliente. Limpiar la cinta con precaución.

Continúa en página siguiente >>

<< Viene de página anterior

RIESGOS	MEDIDAS PREVENTIVAS
CINTA TRANSPORTADORA	
Golpes por caída de objetos: las caídas desde la cinta transportadora pueden resultar en fracturas, contusiones o incluso lesiones graves.	Extremar la precaución al transportar en la cinta productos en altura superior a la del trabajador. Confirmar que los bordes de la cinta no tengan aristas. Usar casco.
Ruido: la exposición prolongada al ruido de la cinta transportadora puede provocar pérdida auditiva.	Utilizar equipo de protección auditiva si el nivel de ruido supera los 85 dB.
Lesiones musculoesqueléticas: la realización de tareas repetitivas puede provocar lesiones musculares o articulares en las extremidades superiores e inferiores.	Realizar descansos periódicos y ejercicios de estiramiento. No doblar la espalda para subir o bajar cargas, sino flexionando las rodillas. Evitar girar solo el tronco, es recomendable mover el cuerpo entero con los pies. No manipular cajas a una altura superior a la de los hombros del operario.
Caídas al mismo nivel: debidas a tropiezos o golpes con la cinta o las cajas de carga.	Utilizar calzado de seguridad para evitar resbalones y caídas. Aplicar los elementos de seguridad de los que disponga la máquina, como estabilizadores. Comprobar que hay suficiente visibilidad para trabajar de forma segura.
Daños en ojos e inhalación de polvo: la cinta, al moverse continuamente, provoca la aparición de polvo y en ocasiones de pequeñas partículas u objetos que pueden salir despedidos desde la cinta, por ejemplo, tallos de frutos, hojas pequeñas, etc.	Utilizar equipos de protección individual, como máscaras antipolvo y gafas oculares. Realizar una inspección visual para asegurarse de que no haya acumulación excesiva de polvo en la cinta.
REMOLQUES	
Atrapamientos y atropellos: por vuelco del remolque o tractor durante el transporte, tanto en el interior de la explotación.	Ejecutar un mantenimiento constante y periódico de los sistemas de suspensión y dirección. No circular en terrenos muy irregulares o con pendientes pronunciadas. Distribuir la carga correctamente, y bien sujeta al remolque.

Continúa en página siguiente >>

<< Viene de página anterior

RIESGOS	MEDIDAS PREVENTIVAS
REMOLQUES	
Golpes y atrapamientos: debidos al acceso, uso y manejo del remolque.	Formar al personal sobre las situaciones de peligro y zonas de riesgo. Usar los dispositivos del remolque o tractor específicamente diseñados e instalados para subir o bajar de ellos. Usar dispositivos de protección y de señalización en las zonas habituales donde se produzcan estos daños, como puertas, barandas y cerrojos de la caja de carga. Crear un protocolo eficaz de comunicación entre el conductor y el resto del personal.
Caídas, al mismo o a distinto nivel: debidas al acceso, uso y manejo del remolque.	No acceder al tractor ni al remolque en marcha. Establecer protocolos para iniciar y parar el traslado del remolque. Capacitar al personal sobre los riesgos de acceso a maquinaria en movimiento. Revisar periódicamente los sistemas de seguridad del remolque o tractor.

Aplicación práctica

En la zona de almacenes de una explotación agrícola se va a proceder a la carga de fruta en camiones. Para ello, se van a mover cajas llenas del producto, mediante el uso de una cinta transportadora, así como de una carretilla cargadora.

Debido al frío intenso, hay un operario que tiene colocada una bufanda.

Indique si el trabajador debería o no realizar la tarea mencionada. Razone su respuesta.

SOLUCIÓN

No debería realizarla, ya que la bufanda podría quedar atrapada en la cinta transportadora o en alguna de las partes móviles de la carretilla cargadora.

5.3. Normas de seguridad alimentaria

La normativa general sobre seguridad alimentaria incluye el cumplimiento de una serie de medidas como son la higiene personal de los operarios, el control de la temperatura de los alimentos, la limpieza de contenedores, utensilios y superficies, la prevención de la contaminación cruzada y que el almacenamiento sea el adecuado.

La legislación más importante, relacionada con el transporte de alimentos frescos como la fruta, es la siguiente:

- **Reglamento (CE) n.º 852/2004 del Parlamento y del Consejo, de 29 de abril de 2024:** establece las normas generales de higiene para los productos alimenticios. Incluye disposiciones específicas para el transporte seguro de alimentos.
- **Reglamento (CE) n.º 37/2005 de la Comisión, de 12 de enero de 2005:** indica las temperaturas en los medios de transporte y los locales de almacenamiento de alimentos destinados al consumo humano.
- **Real Decreto 237/2000, de 18 de febrero:** establece las especificaciones técnicas que deben cumplir los vehículos especiales para el transporte terrestre de productos alimenticios a temperatura regulada.
- **Real Decreto 1202/2005, de 10 de octubre:** regula el transporte de mercancías perecederas y los vehículos especiales utilizados en estos transportes.

Estas leyes garantizan que el transporte de frutas se ejecute con seguridad y cumpla con todos los estándares de higiene y calidad alimentaria.

Aplicación práctica

Un operario trabaja en una explotación agrícola donde utiliza una cinta transportadora para cargar cajas llenas de frutas en un camión. Durante su jornada laboral, nota que la cinta transportadora está generando mucho ruido.

Continúa en página siguiente >>

<< Viene de página anterior

Indique qué medida preventiva debería tomar el trabajador para proteger su salud debido al ruido generado por la cinta transportadora. Razone su respuesta.

SOLUCIÓN

Debería utilizar equipo de protección auditiva, como tapones para los oídos, para protegerse a altos niveles de ruido y prevenir posibles daños debido a la exposición prolongada.

6. Resumen

Toda la fruta, una vez que ha sido cosechada, inicia un proceso por el que es transportada hasta otros lugares, donde se le realizarán distintos tratamientos, hasta que finalmente llegue a su consumidor final.

Los vehículos usados pueden ser tractocarros, remolques o camiones. Ese transporte se inicia en el interior de la finca o explotación agrícola, e incluye las tareas de carga y descarga, las cuales pueden llevarse a cabo manual o mecánicamente, mediante el uso de aperos que se conectan al tractor, o con el uso de maquinaria específica como carretillas cargadoras o cintas transportadoras.

Toda la maquinaria y vehículos implicados en el transporte han de ser mantenidos en óptimas condiciones, para que el trabajo se desarrolle eficazmente.

Cada una de las tareas debe realizarse con seguridad para los trabajadores, que han de cumplir con la legislación en materia de prevención de riesgos laborales, la normativa existente sobre cuidado del medioambiente y la que asegura la salud del consumidor final, como es la normativa de seguridad alimentaria.

Ejercicios de repaso y autoevaluación

1. Indique cómo se conoce también a la cinta transportadora.

____

____

2. Enumere al menos dos aperos empleados para la carga y descarga de contenedores:

____

____

3. La transpaleta se usa para:

a. Mover pequeñas cantidades de producto, cuando no es viable la entrada de maquinaria agrícola en las zonas de cultivo.
b. Bajar los contenedores en las zonas de descarga.
c. Elevar los contenedores en las zonas de carga.
d. Mover los contenedores en las zonas de carga y descarga.

4. ¿Cómo se llama el dispositivo que sirve para unir el remolque al tractor?

____

____

5. Agrupe los siguientes conceptos:

a. Ruedas
b. Frenos
c. Ventilación

Con estos otros:

__ Inspeccionar los conductos y filtros de aire, reemplazar si es necesario.
__ Verificar la presión y ajustar, según necesidades.
__ Reemplazar las pastillas en caso necesario.

6. ¿Qué condiciones ambientales pueden controlarse en un remolque carrozado con sistema de refrigeración y calefacción?

____

____

7. ¿Qué medidas preventivas hay que tomar para evitar el atrapamiento por vuelco del remolque?

a. Establecer protocolos para iniciar y parar el traslado del remolque.
b. No acceder al tractor ni al remolque en marcha.
c. Usar los dispositivos del remolque o tractor específicamente diseñados e instalados para subir o bajar de ellos.
d. No circular en terrenos muy irregulares o con pendientes pronunciadas, y distribuir la carga correctamente y bien sujeta.

8. De los siguientes elementos, indique cuáles NO se consideran un apero del tractor:

Grúa trasera, transpaleta, palé, carretilla cargadora, cargador frontal, cinta transportadora.

____

____

9. Enumere al menos dos requisitos que debe cumplir la carga transportada en un vehículo:

____

____

____

____

10. Indique en qué elemento o pieza hay que realizar la tarea de mantenimiento: «Verificar el nivel de líquidos, recargar si es necesario».

a. En el sistema de refrigeración / calefacción.
b. En el sistema de ventilación.

c. En el enganche.
d. En el evaporador.

11. Indique de qué manera se pueden usar las cintas transportadoras para mover la fruta en cajas.

____

____

12. Agrupe los siguientes elementos según pertenezcan a la transpaleta o a la cinta transportadora.

Rodillos, horquillas, ruedas, tambores, empuñadura, banda continua.

____

____

13. Indique la periodicidad con la que hay que verificar el estado de los retenes en la horquilla estibadora y en la transpaleta.

____

____

14. ¿Qué es un tractocarro?

a. Un tractor autopropulsado.
b. Un tractor con remolque.
c. Un vehículo diseñado para el transporte de material.
d. Una máquina para trasladar palés y cajas de gran volumen o peso.

15. Indique, al menos, tres riesgos laborales que corre un operario al trabajar con una cinta transportadora.

____

____

____

____

Capítulo 3

Almacenamiento y acondicionamiento de la fruta en campo

Contenido

1. Introducción

La fruta, una vez que llega al almacén, debe ser sometida a varios procesos para acondicionarla y así cumplir con los requisitos y necesidades del mercado.

En primer lugar, es necesario limpiarla y secarla, para posteriormente clasificarla, según su tamaño o calibre. Algunos tipos de frutos, además, deben ser liberados de la cáscara exterior que los recubre.

Cuando ya está limpia y clasificada, se debe almacenar en determinadas condiciones, que incluyen una temperatura y humedad específica, dependiendo de la especie de la que se trate. Este almacenamiento puede ser en cámaras frigoríficas o en una atmósfera controlada.

En todo momento es necesario llevar un control del recorrido que hace el producto, desde su origen inicial hasta su destino final, así como del estado sanitario del mismo, para evitar que se contamine.

También hay que velar para proteger la salud de las personas que trabajan en las operaciones relacionadas con el almacenamiento y acondicionamiento de la fruta, así como cuidar el medioambiente y la salud del consumidor final.

2. Primeros tratamientos de la fruta en campo

Una vez que ha sido recolectada, hay que realizarle una serie de tratamientos para que mantenga su frescura y calidad. Para garantizar que el producto llegue al consumidor final en perfectas condiciones, es necesario cumplir, en el campo o explotación agrícola, con una serie de requerimientos básicos como son:

- **Selección:** hay que realizar una primera selección del producto y retirar el que no cumpla con la calidad exigida, por ejemplo, hay que desechar los frutos que estén dañados en la piel, que presentan mal aspecto por magulladuras, pudriciones, etc.

- **Manipulación cuidadosa:** al manipular la fruta recién recolectada, es fundamental tratarla con cuidado, para evitar daños por golpes o roces, sobre todo en las que tienen como destino ser consumidas en fresco.
- **Limpieza:** se debe realizar una primera limpieza para eliminar restos de tierra, polvo, insectos u otros restos como hojas, tallos, etc. En la recolección manual, esta tarea se realiza en el campo, al mismo tiempo que los recolectores y personal auxiliar van depositando el producto en cajas o contenedores. Es fundamental que esta tarea se realice en un ambiente lo más limpio posible y seguir buenas prácticas de higiene en todo momento. La limpieza incluye tanto la fruta como los envases donde se introduzca, como las cajas o los sacos.
- **Control de la temperatura:** teniendo en cuenta que la temperatura es un factor determinante en la conservación de la fruta, es necesario mantenerla protegida del calor excesivo para evitar su deterioro. Hay que impedir que esté expuesta durante largos periodos de tiempo al sol directo, por lo que se recomienda colocar las cajas o contenedores en zonas sombreadas, al abrigo de los árboles, en algún umbráculo o bajo alguna malla de sombreo.
- **Control de la humedad:** también juega un papel fundamental en la conservación de la fruta. Es importante que en el campo no se den niveles de humedad muy altos, ya que ello favorecerá la aparición de hongos. Para ello es necesario colocar el producto recién cosechado en zonas ventiladas y lejos de cursos de agua, sobre todo si es estancada, como charcos, albercas, etc.
- **Ventilación adecuada:** para evitar la acumulación de gases como el etileno, que acelera el proceso de maduración de la fruta, es necesario contar con una ventilación adecuada, por lo que la fruta en el campo deberá situarse en zonas abiertas, donde no se pueda concentrar dicho gas.
- **Protección contra agentes biológicos:** es necesario tomar una serie de medidas para controlar el ataque de plagas y la aparición de enfermedades en la fruta recolectada en el campo. Para ello, se pueden llevar a cabo algunas acciones como son la colocación, sobre las cajas o contenedores, de barreras físicas antiinsectos (tipo «mosquiteras»), feromonas u otras sustancias ahuyentadoras, o la aplicación de productos fitosanitarios autorizados.

Importante

La manipulación de la fruta recolectada debe realizarse con cuidado, para evitar daños en la misma.

No es recomendable dejar la fruta en el campo o la zona de cultivo durante mucho tiempo una vez recolectada, ya que, tal y como se ha explicado, se dan una serie de factores que pueden alterar su calidad.

Aplicación práctica

En una explotación agrícola se está recolectando la fruta, y colocándose en cajas de plástico con rejillas. Debido a que los vehículos utilizados para el transporte, desde el campo al almacén, han sufrido una avería, las cajas deberán permanecer en el campo, al aire libre, durante 24 h. La zona está muy expuesta al sol y existe una gran cantidad de insectos en la misma.

Indique qué medidas se deberían tomar para conseguir que el producto recién recolectado no se deteriore. Razone su respuesta.

SOLUCIÓN

Las cajas llenas de fruta se deben colocar en un lugar lo más limpio posible y sin restos de tierra, hojas, etc., para evitar su contaminación.

También hay que impedir la exposición directa al sol, y que se expongan a altas temperaturas, por lo que, si es posible, las cajas se deben situar a la sombra de algún árbol, o colocarles por encima algún tipo de malla de sombreo o umbráculo.

Hay que ubicarlas lejos de zonas con agua, especialmente de aquellas que no circulan, como charcos o albercas, para evitar un exceso de humedad.

Continúa en página siguiente >>

<< Viene de página anterior

Es necesario impedir que los insectos puedan entrar en contacto con la fruta, para lo cual se puede colocar sobre las cajas algún tipo de barrera física, como una malla mosquitera, o usar feromonas u otro producto fitosanitario.

3. Equipos de limpieza

En la explotación agrícola, las frutas están en contacto directo con diversos microorganismos. En la tierra o en el polvo atmosférico se encuentran diferentes especies de hongos, bacterias y virus que pueden ser perjudiciales para las personas. Estos microbios también están presentes en herramientas, maquinaria, envases y medios de transporte.

Por lo tanto, es esencial limpiar las frutas y eliminar cualquier residuo antes de transportarlas, almacenarlas, envasarlas y venderlas al público.

El objetivo de esta limpieza o lavado es doble. Por un lado, eliminar todo tipo de suciedad, polvo, arenilla, huevos de insectos, etc., y, por otro, eliminar o disminuir la existencia de patógenos como salmonela, listeria y otros gérmenes, que pueden propagarse con facilidad y resultan difíciles de controlar y gestionar. Los sistemas más comunes de limpieza pueden ser manuales o mecánicos.

La **limpieza manual** se realiza por un operario, en frutos delicados y con suciedad visible, utilizando materiales textiles o de celulosa de papel desechable. Este método se utiliza cuando la cantidad de producto a limpiar no es mucha.

La **limpieza mecánica** se realiza mediante la aplicación de agua mezclada con productos desinfectantes, ya sea mediante duchas o inmersión. Para ello se utiliza alguno de los siguientes equipos:

- **Drencher:** es una máquina que permite realizar tratamientos a la fruta cuando llega al almacén, en los propios envases que vienen del campo. Está especialmente diseñada para aplicar los productos esterilizantes (como ácido peracético, agua oxigenada o lejía) y otros productos fitosanitarios, sobre todo fungicidas y bactericidas, de una forma práctica y sencilla. Proyecta la mezcla de líquidos, mediante un mecanismo de distintas bombas y dosificadores, en la zona por donde pasan los palés con los cajones o envases de fruta. El drencher puede ser:

- **De cadena:** funciona como una cinta transportadora, por la cual van pasando los palés con los cajones de fruta y sobre ellos se va rociando el líquido. Hay otros modelos en los cuales los palés se colocan sobre una base fija y es el drencher el que se mueve mediante un carril, al mismo tiempo que va aportando el desinfectante.
- **De cabina:** consta de un habitáculo cerrado, con puertas, donde se introducen los palés, y una vez han sido rociados se retiran.

  Ambos tipos tienen un sistema de filtrado, donde se van recogiendo las partículas sólidas que pudieran contener la fruta y que se desprenden en el lavado, como arena, pequeñas hojas, ramillas, tierra, etc.

- **Lavadora:** es una máquina que consta de un depósito o tolva, donde la fruta se sumerge en el líquido desinfectante, y se va moviendo mediante una corriente de agua con turbulencias. Hay otros modelos en los que el depósito ha sido sustituido por una serie de rodillos, o una cinta transportadora, sobre la que se va moviendo la fruta a la vez que se rocía con el producto desinfectante, mediante unas boquillas ubicadas en la parte superior de la máquina. En algunos casos también disponen de una serie de cepillos que frotan la superficie del producto. Las lavadoras de fruta suelen estar fabricadas de acero inoxidable, debido a que es un material fácilmente lavable y duradero. En los modelos que tienen cepillos, estos son de nailon.

Recuerde

El drencher realiza la limpieza de la fruta en los mismos envases en los que viene del campo.

Tanto el drencher como la lavadora son manejados por uno o varios operarios, mediante el uso de los distintos mandos que para ello posee la máquina.

En el mercado hay una gran variedad de equipos para la limpieza mecánica de fruta, de distintos modelos, capacidades de trabajo y diseñados para algunos tipos específicos de productos.

Limpieza de naranjas mediante lavadora de cepillos y rociado con boquillas

Actividades

1. Buscar la traducción del inglés de la palabra «drencher».
2. Explicar la diferencia fundamental entre un drencher de cadenas y uno de cabina.

El mantenimiento básico de los equipos de limpieza se basa en la realización de las siguientes tareas:

ELEMENTO O PIEZA	TAREA	PERIODICIDAD
Cabina, cinta transportadora, conductos de agua y filtros, tolvas y depósitos	Limpieza y desinfección	Diaria
Cinta transportadora	Sustituir piezas desgastadas	Según necesidades o indicaciones del fabricante
Bombas de suministro de agua con líquidos desinfectantes	Ajustar y calibrar	Según necesidades o indicaciones del fabricante
Piezas móviles	Lubricación general	Según necesidades o indicaciones del fabricante

En los equipos de limpieza, los puntos críticos (distintas etapas en las que se controlan los posibles peligros que puedan existir para la fruta) son:

- Limpieza regular de todos los equipos y sus componentes, como cabinas, boquillas, conductos de agua y filtros, con el objetivo de eliminar residuos, esporas de hongos, bacterias, virus, etc.
- Cambio del agua empleada con regularidad, para evitar la acumulación de contaminantes.
- Control de las dosis de desinfectantes (fungicidas, bactericidas, lejía, etc.) con que se lava la fruta.

Aplicación práctica

A un almacén ha llegado un remolque con varias cajas de nísperos. Los empleados del almacén las han descargado y volcado todo su contenido en un gran contenedor. Posteriormente, el encargado les ha ordenado que limpien la fruta mediante el uso de un drencher.

Indique cómo deberán proceder los operarios para llevar a cabo la limpieza. Razone su respuesta.

Continúa en página siguiente >>

<< Viene de página anterior

SOLUCIÓN

Deben volver a cargar los nísperos en las cajas en las que venían originalmente en el remolque, y luego colocarlas en el drencher, ya que esta máquina realiza la limpieza en los mismos envases en los que viene la fruta del campo.

4. Secadoras

Una vez que la fruta ha pasado por el proceso de lavado, es fundamental realizar el secado de la misma. Esta etapa tiene como objetivo eliminar el agua sobrante que se encuentra en la superficie, antes de pasar a la siguiente fase, que suele ser la clasificación.

El secado tiene gran importancia, ya que un exceso de humedad puede resultar perjudicial para el producto.

Los sistemas más comunes de secado son los siguientes:

- **Ventilación forzada:** en este sistema se pueden utilizar ventiladores (que mueven el aire) o aspiradores (que lo succionan). La fruta se coloca sobre unas cintas transportadoras, rejillas o rodillos, que van girando, y el aire se hace circular a través de estos, acelerándose, así, la evaporación de la humedad superficial. Bajo los rodillos o rejillas hay un colector que recupera los líquidos drenados. El factor más importante para que esta operación sea adecuada es la velocidad con la que el aire incide sobre la superficie del fruto. Esta técnica es muy útil para productos delicados que requieren un secado suave y controlado para evitar daños en la piel o la textura, como por ejemplo la uva.
- **Secado en túneles o cámaras:** permiten un mayor control sobre las condiciones de secado, como la temperatura y la humedad relativa. Las frutas se colocan en áreas cerradas donde se ajustan estos parámetros, mediante un sistema de aire acondicionado, para acelerar el proceso de secado de manera eficiente y uniforme. Esta tecnología es especialmente beneficiosa para el secado de grandes volúmenes de fruta.

La energía necesaria para el funcionamiento de los túneles y cámaras suele ser proporcionada por un motor eléctrico.

Nota

Al elegir el método de secado, es fundamental considerar factores como el tipo de fruta y el nivel inicial de humedad.

Las secadoras suelen estar fabricadas, al igual que las lavadoras, de acero inoxidable y son manejadas por uno o varios operarios, mediante el uso de los distintos mandos que para ello posee la máquina.

El mantenimiento básico de las secadoras se basa en la realización de las siguientes tareas:

ELEMENTO O PIEZA	TAREA	PERIODICIDAD
Cinta transportadora, rodillos o rejillas	Limpieza y desinfección	Diaria
	Sustituir piezas desgastadas	Según necesidades o indicaciones del fabricante
Ventilador o aspirador	Limpieza y desinfección	Diaria
	Sustituir piezas desgastadas	Según necesidades o indicaciones del fabricante
Piezas móviles	Lubricación general	Según necesidades o indicaciones del fabricante
Sistema de aire acondicionado	Limpieza de filtros Revisión y ajustes de termostatos y sistema eléctrico	Según necesidades o indicaciones del fabricante

Los puntos críticos en el secado de la fruta son la **limpieza y la desinfección** de todos los equipos con los que la fruta está en contacto, así como de los que proyectan aire sobre ella, como ventiladores, y de las cámaras y resto de instalaciones.

Cualquier residuo o contaminante puede afectar a la calidad del producto final. Además de los equipos que intervienen directamente en el secado, se deben mantener limpias y desinfectadas todas las áreas del almacén o planta de procesamiento. Esto incluye suelos, paredes, techos y resto de superficies.

Actividades

3. Indicar de qué material suelen estar fabricadas las secadoras.
4. Explicar cuál es el factor más importante a tener en cuenta para el secado de la fruta mediante ventilación forzada.

5. Descascarilladoras

Hay algunos frutos, como las almendras, nueces, avellanas, pistachos o castañas, que tienen una cáscara o capa exterior que los recubre cuando crecen en el árbol. El **descascarillado** o **descascarado** consiste en eliminar esa capa para conseguir el producto listo para su uso directamente tal y como se obtiene. En ocasiones se somete de nuevo a un **segundo descascarillado,** para conseguir el fruto totalmente libre de cáscara, como por ejemplo es el caso de los pistachos.

Nueces maduras con cáscara

Los frutos llegan desde el campo a la planta procesadora con materiales no deseables como hojas, tallos, tierra, etc. Para eliminar gran parte de las impurezas, los frutos pasan, en primer lugar, por una máquina llamada *despalilladora,* diseñada especialmente para deshacerse de las partes no deseadas y de los materiales adheridos, y así obtener un producto limpio y listo para su posterior procesamiento. Esta máquina consiste en un sistema de rodillos que, a medida que van pasando los frutos por ella, se van desprendiendo esos restos que contienen.

Dependiendo del tipo de fruto y del uso que vayan a tener, algunos se dejan en agua durante unas horas. Por ejemplo, en el caso de la almendra, el proceso de remojo puede durar entre 24 y 48 h.

Posteriormente, la **descascarilladora** se encarga de romper las cáscaras. Sus componentes principales son:

- **Tolva de alimentación:** es la zona por donde se introduce el producto.
- **Rodillos o cilindros descascaradores:** son tubos huecos que giran a gran velocidad, rompiendo la cáscara del fruto.
- **Tamices y cribas:** se utilizan para separar la cáscara del grano.
- **Mesa de selección manual:** en algunos casos, se realiza una selección manual para garantizar la calidad del producto final.

Los materiales principales de estos equipos suelen ser acero inoxidable u otros resistentes a la corrosión. La energía para el funcionamiento puede ser eléctrica o basada en motores de combustión. Se manejan mediante el uso de distintos mandos, y el personal que los controla se encarga de supervisar el proceso.

El mantenimiento básico de toda la maquinaria usada en el acondicionamiento de la fruta, como el drencher, la lavadora, la secadora y la descascarilladora, tiene muchos elementos comunes, como la limpieza diaria, la lubricación de las partes móviles o la sustitución de piezas según recomiende el fabricante.

En el caso concreto de las descascarilladoras, además, hay que realizar específicamente las siguientes tareas:

Horas / hectárea	**Mandarina**	**Albaricoque**
Rodillos y cadenas	Limpiar cualquier acumulación de material	Diaria
	Sustituir piezas desgastadas	Según necesidades o indicaciones del fabricante
Mano de obra	Limpiar cualquier acumulación de material	Diaria
	Sustituir piezas desgastadas	Según necesidades o indicaciones del fabricante

Los puntos críticos en el descascarillado de la fruta son la limpieza y la desinfección de todos los equipos con los que está en contacto, y del resto de instalaciones del almacén o industria.

La presencia de residuos o contaminantes en los equipos puede tener un impacto negativo en la calidad y seguridad del producto final. Además de los equipos específicos para el descascarillado, es fundamental mantener en condiciones higiénicas todas las áreas del almacén o planta de procesamiento.

Actividades

5. Buscar información sobre las despalilladoras.
6. Explicar la diferencia principal entre una despalilladora y una descascarilladora.

6. Instalaciones de clasificación y selección de fruta

La fruta debe ser clasificada para así cumplir con los estándares de calidad del mercado al que se destinan. Se puede agrupar por su tamaño o calibre, y también por su color o propiedades organolépticas.

El objetivo principal de la clasificación y calibración es facilitar su manejo, almacenamiento, envasado y comercialización, consiguiendo así que sea uniforme y que se optimice el envasado.

En las máquinas calibradoras suelen encontrarse varios elementos que son fundamentales para el proceso de clasificación de frutas. Normalmente incluyen:

- **Sistema de alimentación:** se encarga de recibir los frutos y alinearlos de manera adecuada para su posterior procesamiento en la máquina calibradora.
- **Sistema calibrador:** es el componente principal de la máquina que se encarga de medir y clasificar los frutos según los criterios establecidos, como tamaño, peso, color o calidad interna, entre otros.
- **Cintas o sistemas de evacuación:** estos elementos se utilizan para transportar los frutos hacia las salidas correspondientes, según la categoría en la que hayan sido clasificados.

Albaricoques en línea de clasificación

Los sistemas de calibración utilizados en el proceso de clasificación de frutos se dividen principalmente en dos categorías:

- **Calibradores mecánicos:** estos sistemas incluyen máquinas que seleccionan frutos por peso o volumen. En el caso de la selección por peso, se activan resortes cuando la canastilla portadora del fruto excede un límite, por lo que se descarga el fruto. Aunque estas máquinas requieren la individualización de los frutos, su funcionamiento suele ser aceptable. Pueden tener limitaciones en términos de velocidad, precisión y adaptabilidad a diferentes tipos de productos.
- **Calibradores electrónicos:** que pueden ser de dos tipos:
    - **Células de carga:** en este sistema, todos los frutos de una misma línea son pesados por la misma balanza. Se puede cambiar entre diferentes variedades o especies sin necesidad de ajustes mecánicos, simplemente modificando un programa informático. Un ordenador identifica la celda donde se encuentra el fruto pesado y lo descarga en la categoría correspondiente.
    - **Análisis de imagen:** este sistema combina el análisis de imagen con la pesada electrónica para clasificar los frutos según su calidad interna, como la textura de la pulpa y el sabor, evaluando características como el valor Brix y defectos fisiológicos. Se utilizan sistemas de medición basados en luces ultravioletas, para determinar las características internas de los frutos. Estas técnicas de calibración desempeñan

un papel fundamental en la clasificación de frutos, permitiendo su agrupación según diversos parámetros como tamaño, peso y calidad interna. Esto facilita su posterior envasado y comercialización, garantizando la eficiencia y precisión en el proceso de selección de frutos.

Nota

Normalmente, los diferentes componentes de la cadena se encuentran formando una línea en el interior del almacén.

El mantenimiento específico de las instalaciones de clasificación y selección de fruta consta de la realización de las siguientes tareas:

ELEMENTO O PIEZA	TAREA	PERIODICIDAD
Cintas transportadoras, sistemas de alimentación y evacuación	Limpieza general	Diaria
	Cambiar piezas por desgastes, roturas o mal funcionamiento	Según necesidades o indicaciones del fabricante
Sistemas de pesaje y clasificación	Limpieza general	Diaria
	Ajustar y calibrar	Según necesidades o indicaciones del fabricante

Los puntos críticos, en las instalaciones de clasificación y selección, son la limpieza y la desinfección de todos los equipos con los que está en contacto, así como el resto de instalaciones del almacén o industria.

Además de los equipos específicos para el clasificado, es muy importante mantener en condiciones higiénicas todas las zonas del almacén o la planta de procesamiento.

Actividades

7. Analizar qué tipo de calibrador utiliza el valor Brix y los defectos biológicos para clasificar la fruta.
8. Indicar para qué sirven los sistemas de evacuación en una máquina calibradora.

7. Almacenamiento de la fruta hasta su conservación

La fruta, dentro del proceso de manipulación al que es sometida, tiene una serie de requerimientos básicos para que siga en buen estado, como son:

- **Temperatura:** afecta a la maduración del producto. Al disminuir, se reduce la actividad metabólica de los tejidos, lo que ralentiza el deterioro de la fruta. Por ejemplo, algunas frutas pueden almacenarse a temperaturas cercanas a 0 °C, como las manzanas, mientras que otras no toleran temperaturas tan bajas, como es el caso del plátano. Es importante mantener la temperatura adecuada para cada fruta y así prolongar su vida útil.
- **Humedad relativa:** influye en la pérdida de agua, evitando la deshidratación, si es la correcta, o por el contrario, facilitando la aparición de enfermedades si hay un exceso. Algunos productos requieren niveles específicos de humedad relativa para conservarse adecuadamente. La mayoría de las frutas deben conservarse en el rango del 85 al 95 % de humedad relativa.
- **Ventilación:** en el almacenamiento es de gran importancia, ya que garantiza una circulación de aire adecuada alrededor de la fruta. Una buena ventilación ayuda a mantener una temperatura y humedad relativa uniformes, evitando la acumulación de gases como el etileno, que puede acelerar la maduración de la fruta. También ayuda a prevenir la condensación y el desarrollo de hongos en la piel o cáscara.
- **Higiene:** la fruta, desde que se cosecha, es susceptible de ser contaminada. Para evitar este riesgo es fundamental mantener una correcta higiene durante todas las etapas de procesado y almacenamiento de la misma,

desde que se carga en camiones o remolques en la explotación agrícola, hasta que se comercializa directamente al consumidor. Los requerimientos básicos para la conservación de frutas en un almacén son:

- **Mantener las instalaciones limpias,** realizando una limpieza regular, incluyendo paredes, suelos, techos y equipos de iluminación. Hay que prestar especial atención a los baños y otras áreas comunes utilizadas por el personal, como comedores, zonas de descanso, etc.
- Implementar un **programa de limpieza** y llevar registros de las actividades realizadas.
- **Formar y capacitar al personal** en prácticas adecuadas de higiene como lavado de manos, uso de ropa adecuada, etc.
- **Almacenaje adecuado;** las frutas deben conservarse en áreas específicas, con ventilación adecuada y control de temperatura y humedad.
- **Rotación de existencias,** ya que utilizar un sistema rotatorio para que el producto esté el menor tiempo posible en condiciones no adecuadas de conservación.
- **Control de plagas,** es necesario tomar medidas de control de plagas para evitar la contaminación del producto, ya sea por roedores, insectos, etc. Hay que inspeccionar periódicamente las instalaciones y prevenir su aparición.

Sabía que...

La fiebre tifoidea es una enfermedad potencialmente mortal para los humanos, que puede ser transmitida por cucarachas y roedores al estar en contacto con la fruta u otros alimentos.

El control de la fruta almacenada es fundamental para conseguir que se mantengan la calidad, seguridad y el cumplimiento de los estándares sanitarios. Se deben establecer una serie de parámetros o límites, que sirvan como referencia, y ejecutar un **plan de control** de los mismos. Para medir esos parámetros es necesario el uso de una serie de **instrumentos.**

El plan de control en un almacenaje tipo de fruta es el siguiente:

PUNTO CRÍTICO	INSTRUMENTO DE CONTROL	PARÁMETRO
Temperatura de almacenamiento	Termómetro	0 °C - 15 °C, según la especie
Humedad relativa	Higrómetro	85 - 95 %, según la especie
Control de plagas	Trampas para monitoreo	Ausencia total de plagas
Limpieza y desinfección	Análisis de control de microorganismos	Ausencia total de microorganismos

Mediante el plan de control se garantiza que la fruta se mantiene en condiciones adecuadas de calidad hasta su posterior tratamiento. La vigilancia constante de los puntos críticos de control es imprescindible para asegurar la seguridad alimentaria en el proceso de almacenamiento.

8. Almacenamiento en frío

Las cámaras frigoríficas (también llamadas «cámaras frías» o «almacenes refrigerados») están diseñadas para mantener condiciones específicas de temperatura y humedad. Se fabrican a base de materiales aislantes, normalmente poliuretano o poliestireno. Están equipadas con elementos como compresores, evaporadores y condensadores, para conseguir el enfriamiento deseado. Disponen de burletes en las puertas para conseguir un aislamiento total.

Las frutas se apilan en su interior en cajas, colocadas sobre palés o estanterías para permitir una adecuada circulación del aire.

Al reducir la temperatura, se ralentiza la maduración y se minimiza la pérdida de nutrientes y sabor. También se reducen las pérdidas debidas a daños físicos y enfermedades. Las frutas pueden mantenerse frescas durante más tiempo, lo que aumenta su vida útil.

Por otro lado, las regulaciones y estándares de seguridad alimentaria exigen el uso de instalaciones de almacenamiento en frío para ciertos tipos de frutas, con lo que se garantiza que los productos cumplan con los requisitos de calidad e inocuidad.

La temperatura ideal de la cámara frigorífica varía **dependiendo del tipo de fruta,** aunque generalmente oscila entre 0 °C y 15 °C.

Ejemplo

Las manzanas y peras deben conservarse entre 0 y 4 °C, mientras que los limones y pomelos entre 7 y 10 °C.

Si el rango de conservación no es el adecuado, se pueden producir daños, como el oscurecimiento de la piel o la pérdida y cambio de sabor. La gran mayoría de las **frutas tropicales,** como el plátano, aguacate, mango o la chirimoya, son especialmente **sensibles al frío,** y sufren lesiones si se someten a temperaturas entre los 5 °C y los 15 °C durante un determinado periodo de tiempo, ya que adquieren un sabor desagradable y un color ennegrecido, así como un ablandamiento excesivo de la pulpa.

También es importante mantener la humedad adecuada, ya que previene la deshidratación y conserva la textura de las frutas. Algunas cámaras frigoríficas cuentan con sistemas de humidificación para regular dichos niveles.

Una adecuada circulación del aire evita la acumulación de etileno (emitido por las frutas) y controla la humedad, por lo que algunas cámaras disponen de eliminadores de este gas.

Existen varios dos tipos fundamentales de instalaciones para el almacenamiento en frío:

- **Almacenes refrigerados:** instalaciones **fijas,** a gran escala, con múltiples cámaras, para diferentes tipos de frutas.
- **Cámaras modulares:** estructuras **desmontables,** que se pueden ensamblar y desmantelar fácilmente, así como trasladar mediante un camión u otro vehículo de carga.

Aplicación práctica

En una cámara frigorífica se han almacenado varias cajas con chirimoyas y otras con aguacates. Al sacarlas, para cargarlas en un camión y llevarlas a una planta de envasado, los operarios se han dado cuenta de que la piel está ennegrecida. Las han comido y han notado que su sabor no es el normal, siendo incluso desagradable.

Indique cuál puede ser el motivo por el que la fruta está en esas condiciones, y cómo se hubiese evitado. Razone su respuesta.

SOLUCIÓN

El color negro y el mal sabor son debidos a que la temperatura de conservación no ha sido la adecuada, ya que las chirimoyas y los aguacates son frutas tropicales, y esas especies en general son sensibles al frío, por lo que han estado expuestas a un ambiente demasiado gélido.

Si la temperatura de conservación hubiese sido la adecuada, no habría ocurrido este problema.

El mantenimiento específico de las instalaciones para el almacenamiento en frío consta de la realización de las siguientes tareas:

ELEMENTO O PIEZA	TAREA	PERIODICIDAD
Paneles de aislamiento	Inspeccionar su estado y las juntas de unión entre ellos	Diaria

Continúa en página siguiente >>

<< Viene de página anterior

ELEMENTO O PIEZA	TAREA	PERIODICIDAD
Puertas, paredes interiores, suelos y techos	Retirar el hielo o escarcha presente en las válvulas, puertas y el suelo	Según necesidades
	Limpieza	Diaria
Compresor	Limpieza y evaluación del funcionamiento correcto	Semanal
Evaporador	Limpieza y evaluación del funcionamiento correcto	Mensual
Condensador	Limpieza y evaluación del funcionamiento correcto	Trimestral
Revestimiento exterior e interior	Verificar su estado	Anual
Burletes	Sustituir los burletes si están deteriorados, rotos o no ajustan correctamente	Según necesidades

En las instalaciones de almacenamiento en frío, los puntos críticos que requieren especial atención son la limpieza y desinfección de todos los equipos que entran en contacto con las frutas, así como el mantenimiento higiénico y sanitario de las demás áreas del almacén.

9. Almacenamiento en atmósfera controlada

El aire contiene aproximadamente un 21 % de oxígeno (O_2), un 78 % de nitrógeno (N) y el resto (1 %) está formado por dióxido de carbono (CO_2) y otros gases, como vapor de agua, neón y argón. Esta composición varía dependiendo de la altitud y la presencia de contaminantes.

Cuando se habla de almacenamiento en atmósfera modificada, se está haciendo referencia a la creación de una serie de condiciones diferentes a las de una atmósfera normal, con la intención de conservar la fruta.

Se trata de controlar estrictamente el porcentaje de cada gas. Los principales gases sobre los que se actúa son el oxígeno, el dióxido de carbono y el nitrógeno. La reducción del oxígeno y el aumento del CO_2 ralentizan la respiración y la maduración de las frutas.

Ejemplo

Para almacenar melocotones en una atmósfera controlada se necesitan unos niveles comprendidos entre estos valores: 1-2 % de oxígeno, 5-10 % de dióxido de carbono y 88-94 % de nitrógeno.

La conservación en estas condiciones tiene una serie de ventajas como son:

- **Retraso en la maduración:** al reducir el oxígeno, se inhibe la producción de etileno, la hormona responsable de la maduración.
- **Reducción de enfermedades:** se controla el crecimiento de microorganismos patógenos.
- **Conservación de la calidad:** se mantiene el color, textura y sabor de las frutas durante más tiempo.

Cada especie de fruta requiere una combinación específica de gases, por ejemplo, las manzanas se almacenan mejor con bajos niveles de oxígeno y altos niveles de CO_2, mientras que las uvas necesitan más oxígeno. Es fundamental medir y ajustar regularmente la composición de gases en las cámaras de almacenamiento.

La temperatura y la humedad también afectan la eficacia de la atmósfera modificada, por lo que deben mantenerse dentro de rangos óptimos para evitar deshidratación o condensación.

Las instalaciones para el almacenamiento en atmósfera controlada son cámaras, muy parecidas a las frigoríficas, que según se regulen pueden cumplir algunas de las siguientes funciones:

- **Mantenimiento:** donde únicamente se lleva a cabo el almacenamiento. Controlan la temperatura, la humedad y los niveles de gases para mantener las condiciones óptimas de la fruta.
- **Maduración acelerada:** empleada para acelerar el proceso de maduración de ciertos productos.

- **Maduración artificial:** se utiliza para eliminar el color verde de algunas frutas antes de su venta, como naranjas o limones. Esta técnica se conoce como *desverdizar.*

10. Elaboración de la información necesaria para establecer la trazabilidad de las partidas de fruta

La trazabilidad es un concepto fundamental en la fruticultura, ya que a través de ella se puede conocer la procedencia y el destino que sigue un producto a lo largo de toda la cadena de suministro. Es esencial para garantizar la seguridad, calidad y confianza del consumidor. En la Unión Europea, su importancia es tal que su cumplimiento es un requisito legal para todos los productores, distribuidores y comercializadores de alimentos.

Definición

Trazabilidad
Es la capacidad de rastrear el origen y conocer el destino de un alimento, ya sea para consumo humano o animal. Abarca todas las etapas de producción, transporte, transformación y distribución.

La trazabilidad es esencial por varias razones:

- **Seguridad alimentaria:** permite rastrear el origen y el historial de los productos hortícolas, lo que facilita la rápida identificación y gestión de posibles riesgos para la salud pública.
- **Calidad del producto:** proporciona una valiosa información sobre todas las etapas de producción, como su procedencia, tratamiento, envasado, transporte, conservación y comercialización, lo que contribuye a garantizar la calidad del producto final.

- **Cumplimiento normativo:** es un requisito legal en la mayoría de los países para garantizar la seguridad alimentaria y proteger a los consumidores.
- **Mejora de procesos:** permite a los productores identificar áreas de mejora en sus procesos de producción, distribución y comercialización, lo que puede llevar a una mayor eficiencia y calidad en toda la cadena de suministro.
- **Prevención de fraudes:** al poder rastrear cada paso del proceso, se reduce la posibilidad de manipulación o adulteración de los alimentos. Si se detecta un problema, se puede identificar rápidamente su origen y tomar medidas preventivas.

Para conseguir la trazabilidad en las distintas partidas de las frutas que se comercializan en una explotación agrícola, hay que elaborar una serie de documentos que deben tener la siguiente información:

- Identificar la **zona de cultivo,** para lo cual es necesario registrar la ubicación geográfica de la parcela donde se han cultivado.
- Identificar la **especie vegetal, variedad y fecha de recolección.**
- Anotar los **tratamientos fitosanitarios** aplicados, incluyendo:
  - La fecha en que se realizaron.
  - El tipo de tratamiento (insecticida, fungicida, abono, etc.).
  - El nombre comercial del producto y su número de registro.
  - La dosis aplicada, el volumen de caldo utilizado, el plazo de seguridad que se realizó, etc.).
  - Los resultados de todos los análisis efectuados en muestras tomadas de plantas, u otras muestras que tengan importancia para la salud humana.
- Llevar un **libro de explotación** o **cuaderno de campo,** donde se describan todas las operaciones realizadas en la parcela, como riegos, fertilizaciones, labores culturales, etc.
- Identificar el **tipo de envases** utilizados para el transporte.
- Anotar la **fecha de venta** del producto.
- Identificar al **cliente** destinatario de cada partida.

Importante

Toda esta documentación debe estar organizada y ser accesible para poder ser consultada fácilmente cuando sea necesario.

Se puede distinguir la **trazabilidad interna,** mediante la que se registra el rastro del producto a lo largo de su paso dentro de una empresa, incluyendo todos los procesos, y **trazabilidad externa,** mediante la cual se realiza un seguimiento hacia atrás (proveedores, fechas de entrada, etc.) y hacia adelante (expediciones, destinos, etc.).

El consumidor final puede conocer la trazabilidad de la fruta mediante la etiqueta que aparece en el producto, ya sea en el envase de venta (paquete, bolsa, bandeja, etc.) o en la caja o recipiente donde se comercializa, en caso de presentarse a granel o por piezas sueltas. Normalmente suele ser un código de barras o del tipo QR.

Recuerde

El cumplimiento de las normas de trazabilidad es un requisito legal.

11. Conservación de frutos

En fruticultura, el almacenamiento y la conservación son conceptos relacionados, pero distintos.

El almacenamiento se refiere al proceso de guardar y mantener la fruta en condiciones adecuadas para su posterior distribución y venta, lo cual implica aspectos como la organización del espacio, la temperatura, la humedad y la protección contra contaminantes físicos, químicos y biológicos. En las instalaciones de almacenamiento, como por ejemplo las cámaras frigoríficas, se hace acopio de las frutas para evitar que se deterioren. El objetivo principal es mantener la calidad, retrasar su maduración y prevenir pérdidas por descomposición de los tejidos.

La conservación conlleva la aplicación de **técnicas específicas** para prolongar la vida útil del producto. El propósito fundamental de la conservación es retrasar la oxidación de los alimentos, mantener sus propiedades nutritivas y sensoriales a lo largo del tiempo, así como prevenir la proliferación de microorganismos.

Los métodos más habituales para la conservación de los frutos son:

- **Congelación:** esta técnica se realiza en instalaciones industriales específicas, y mediante ella la fruta conserva la textura, sabor y valor nutricional. Las frutas se congelan rápidamente a temperaturas muy bajas para detener el crecimiento de los microorganismos y enzimas que causan la descomposición. Los productos que principalmente se comercializan congelados son los conocidos como frutos rojos (grosellas, cerezas, frambuesas, etc.), así como las frutas tropicales (mango, piña, papaya, etc.).
- **Envasado al vacío:** consiste en la eliminación del aire del envase que contiene las frutas antes de cerrarlo o sellarlo. Este método fundamentalmente ayuda a prevenir la oxidación. En el caso de las frutas frescas, el envasado al vacío puede llegar a duplicar el tiempo de conservación respecto a un envasado normal.
- **Uso de conservantes:** mediante el uso de algunos productos naturales o artificiales, se puede inhibir el crecimiento de microorganismos y prevenir la descomposición. Entre los más comunes se encuentran el ácido ascórbico (vitamina C), el ácido cítrico y el sorbato de potasio.
- **Deshidratación:** es el método más tradicional para la conservación, mediante el cual se elimina el agua de la fruta. Los productos deshidratados tienen una vida útil más prolongada que cuando están frescos, además de facilitar su almacenamiento y el transporte. Esta técnica se

lleva a cabo en instalaciones industriales, mediante el uso de máquinas conocidas como *deshidratadores,* que utilizan aire caliente, vapor de agua u otros gases o energía radiante.

Actividades

9. Explicar la diferencia entre trazabilidad interna y externa.
10. Buscar información sobre la maquinaria industrial para la deshidratación de frutos.
11. Indicar para qué sirven los burletes en las cámaras frigoríficas.

12. Normas de calidad para productos frutales (normalización y tipificación)

Las normas de calidad para los productos frutales se crean y modifican por distintos organismos internacionales de reconocido prestigio. Las decisiones se acuerdan por consenso entre todos los miembros de estas instituciones.

Se establecen determinados estándares de calidad para la fruta, con el objetivo de facilitar su comercio a nivel internacional. Dichas normas contribuyen a proporcionar productos de alta calidad, además de mejorar las condiciones de los productores y proteger los intereses de los consumidores. Además, son ampliamente utilizadas por gobiernos, productores, comerciantes, importadores, exportadores y organizaciones internacionales.

Los principales organismos internacionales de normalización son:

- **ISO (Organización Internacional de Normalización):** es una entidad internacional independiente que establece normas a nivel mundial, para bienes y servicios.
- **CEPE/ONU (Comisión Económica para Europa de Naciones Unidas):** también conocida por sus siglas en inglés «UNECE». Es una organización

bajo la dirección administrativa de las Naciones Unidas. Está formada por un total de 56 países.

- **Comisión Europea:** es el órgano ejecutivo de la Unión Europea, cuya misión es proponer y aplicar la legislación creada por esta.
- **Comisión del CODEX ALIMENTARIUS:** esta comisión, también conocida como «CAC», fue establecida por la FAO y la Organización Mundial de la Salud (OMS) con el objetivo de proteger la salud de los consumidores y promover buenas prácticas en el comercio alimentario.
- **OCDE (Organización para la Cooperación y el Desarrollo Económico):** desarrolla folletos para interpretar y aclarar las normas elaboradas por CEPE/ONU y el CODEX.

Nota

Aunque las normas elaboradas por los organismos CEPE/ONU, CODEX e ISO no son de cumplimiento obligatorio en el mercado, se tienen en cuenta a la hora de comercializar todo tipo de fruta, así como de hortalizas. Y cuando se requieran normas específicas de comercialización para ciertos productos, estas deben coincidir con las adoptadas por la Comisión Económica de las Naciones Unidas para Europa (CEPE/ONU).

La base legal para la elaboración de normas de comercialización en la Unión Europea se encuentra regulada por el **Reglamento (UE) 1308/2013 del Parlamento Europeo y del Consejo de 17 de diciembre de 2013,** que establece la organización común de mercados de productos agrarios. Según el artículo 75 de dicho reglamento, se pueden aplicar normas de comercialización a sectores específicos, incluyendo frutas y hortalizas. Además, el artículo 76 establece que los productos del sector de frutas y hortalizas destinados a la venta fresca al consumidor solo pueden comercializarse si están en buen estado, tienen una calidad adecuada para el comercio y se indica su país de origen.

Existen algunas leyes que sí son de obligado cumplimiento, relacionadas con el control de calidad comercial de productos frutales, como son:

- **Real Decreto 175/2004, de 30 de enero,** conocido como «Reglamento de las normas de comercialización de frutas y hortalizas frescas». Es una ley que establece los requisitos para la comercialización de estos productos en España. Es aplicable a toda la cadena de producción y venta, desde los agricultores hasta las tiendas.
- **Orden PRE/3026/2003, de 30 de octubre,** esta orden establece las normas de inspección y control para las Direcciones Regionales y Territoriales de Comercio.

Las normas de calidad que ofrecen unas de las mejores garantías respecto a la producción y comercialización de productos frutales son las normas ISO (siglas en inglés de «Organización Internacional para la Estandarización»), las cuales se van actualizando periódicamente, con el objetivo de estar al día e irse adaptando a los nuevos cambios del mercado.

La ISO trabaja desde la década de los años 40, encargándose de promover normas internacionales relacionadas con la fabricación, comercialización y ejecución de todo tipo de productos y servicios.

No son de obligado cumplimiento, aunque actualmente un total de 168 países las tienen como referencia. Las más importantes y relacionadas con la producción y comercialización de fruta son:

- **ISO 9001:** es una norma fundamental, es la que se encarga de mejorar la calidad general de los productos o servicios, se conoce como *sistemas de gestión de calidad.* Establece una serie de requisitos para gestionar la documentación de la empresa y define las funciones que debe cumplir cada parte de la misma, así como fija responsabilidades, objetivos, etc.
- **ISO 14001:** es la que hace referencia a la gestión de los aspectos medioambientales, conocida como **«sistemas de gestión ambiental».** Su implantación contribuye a controlar y mejorar los aspectos ambientales, reducir los impactos que se producen a la naturaleza y asegura el cumplimiento de la normativa vigente al respecto.

- **ISO 22000:** es una norma internacional de **seguridad alimentaria.** Su objetivo es armonizar la gestión de la seguridad alimentaria en las cadenas alimentarias a nivel mundial. Se basa en los principios esenciales de la ISO 9001 para crear, implementar, mantener y mejorar los sistemas de gestión de seguridad alimentaria basados en los riesgos empresariales.

13. Normas medioambientales y de prevención de riesgos laborales, así como de seguridad alimentaria relacionadas con el almacenamiento y conservación

El cumplimiento de las normas relacionadas con la protección del medioambiente, la prevención de riesgos laborales y la seguridad alimentaria es fundamental. Así se garantiza el respeto por el entorno natural y la salud, tanto del personal que trabaja en el almacenamiento y la conservación, como del consumidor final.

13.1. Normas de protección medioambiental

Uno de los aspectos fundamentales en la protección del medioambiente es la gestión de residuos. En el caso del almacenamiento y la conservación de la fruta, los materiales que se generan en mayor cantidad son los resultantes de las operaciones de limpieza y descascarillado, fundamentalmente **restos vegetales** como hojas, tallos y cáscaras.

Nota

Si estos residuos no se gestionan correctamente, pueden tener un impacto negativo sobre el medio natural, ya que su acumulación descontrolada y descomposición contribuye a la aparición de plagas y enfermedades que dañan las plantas, y también se convierten en un foco de infección para las personas.

La **Ley 7/2022, de 8 de abril,** de residuos y suelos contaminados para una economía circular, promueve la transformación de este tipo de desechos vegetales en compost (abono orgánico) para su uso en agricultura y jardinería.

Para su correcta gestión, los residuos deben ser acopiados en el exterior del almacén, en un contenedor, y posteriormente ser trasladados a una planta de compostaje.

También hay que tener en cuenta que durante las tareas de limpieza, secado, descascarillado, clasificación y almacenamiento de la fruta se usa una gran cantidad de **maquinaria industrial,** la cual también genera residuos como agua con desinfectantes, piezas metálicas y de plástico, aceites y lubricantes, líquidos refrigerantes, etc. Todos estos restos deben ser tratados siguiendo la normativa mencionada anteriormente, que también incluye aspectos específicos sobre la gestión de estos materiales.

Siempre que sea posible, indistintamente de la actividad que se realice, es conveniente ejecutar las siguientes acciones con el fin de proteger el medioambiente:

- Reducir al máximo los residuos que se generan.
- Reutilizar los productos hasta agotar su vida útil o sus posibilidades de uso.
- Separar los residuos en distintos contenedores para facilitar la recogida selectiva y su posterior tratamiento.

Aplicación práctica

En unas instalaciones de almacenamiento y acondicionamiento de nueces y pistachos se están generando una gran cantidad de residuos vegetales procedentes de las tareas de limpieza y descascarillado. También se están originando muchos restos procedentes de la maquinaria empleada, fundamentalmente piezas de plástico y metálicas y envases con restos de desinfectantes.

Continúa en página siguiente >>

<< Viene de página anterior

Indique cuál debería ser el tratamiento idóneo de todos los residuos mencionados. Razone su respuesta.

SOLUCIÓN

Los restos vegetales se tendrían que colocar en un contenedor, fuera del almacén, para ser trasladados a una planta de compostaje.

El resto de residuos deberían ser depositados en varios contenedores, agrupados según el tipo de desecho, para recogerlos y tratarlos posteriormente. Un contenedor para las piezas de plástico, otro para las de metal y otro para los envases de desinfectantes.

13.2. Normas de prevención de riesgos laborales

Existe una legislación específica que desarrolla algunos aspectos específicos sobre prevención, relacionados con el almacenamiento y la conservación de la fruta. La más importante es la siguiente:

- **Real Decreto 552/2019, de 27 de septiembre,** por el que se aprueba el **Reglamento de seguridad para instalaciones frigoríficas** y sus instrucciones técnicas complementarias. Aborda aspectos como la clasificación de refrigerantes, medidas de prevención, protección personal, reducción de fugas, etc. Además, se establecen pautas específicas para trabajar en cámaras frigoríficas, incluyendo temperaturas extremadamente bajas.
- **Real Decreto 487/1997, de 14 de abril,** sobre disposiciones mínimas de seguridad y salud relativas a la **manipulación manual de cargas.** Establece medidas preventivas para evitar accidentes y enfermedades relacionadas con las tareas de manipulación de cargas.

Riesgos laborales y medidas preventivas

Durante las tareas de almacenamiento y conservación se corren una serie de riesgos laborales que deben ser tenidos en cuenta para garantizar la seguridad y salud de los trabajadores. Los más comunes y sus medidas preventivas son:

RIESGOS	MEDIDAS PREVENTIVAS
TRABAJO CON MAQUINARIA	
Atrapamientos, cortes y pinchazos durante el trabajo con maquinaria	- Utilizar guantes. - Mantener manos y pies alejados de las partes móviles de la maquinaria. - Verificar el correcto estado de las máquinas y herramientas antes de usarlas. - Evitar llevar collares o ropa holgada, que pueda quedar atrapada en la maquinaria.
Golpes por objetos en movimiento	- Mantener una distancia segura de las partes móviles de la maquinaria. - Usar casco de seguridad para proteger la cabeza.
Exposición a ruido provocado por mecanismos y motores	- Utilizar protectores auditivos apropiados. Reducir el tiempo de exposición al ruido intenso. Realizar evaluaciones periódicas de ruido en el lugar de trabajo.
Exposición a polvo y partículas producidos por el movimiento de las cargas y la maquinaria	- Utilizar mascarillas y gafas de protección. - Mantener áreas de trabajo limpias y ventiladas. - Asearse las manos y la cara tras el trabajo con materiales polvorientos.
TRABAJO EN CÁMARAS FRIGORÍFICAS Y DE ATMÓSFERA CONTROLADA	
Problemas respiratorios provocados por ambientes fríos y húmedos	- Utilizar mascarillas para proteger las vías respiratorias. Evitar la respiración profunda en ambientes muy fríos.
Congelaciones por exposición prolongada al frío extremo	- Vestir adecuadamente con ropa térmica. Proteger las extremidades con guantes y botas específicas para frío. Evitar la exposición directa de la piel a bajas temperaturas.
Caídas y resbalones por superficies frías y húmedas	Mantener las áreas de trabajo limpias y secas. Utilizar calzado antideslizante. No correr ni hacer movimientos bruscos al andar.

En el trabajo en cámaras frigoríficas hay que tener en cuenta que estas instalaciones están diseñadas para mantener temperaturas muy bajas, y que necesitan unas medidas preventivas adecuadas.

La exposición prolongada al frío puede provocar hipotermia, con síntomas como entumecimiento, escalofríos y fatiga. Por lo tanto, es fundamental que los empleados utilicen ropa térmica adecuada, guantes y calzado aislante para protegerse del frío extremo. Los trabajadores deben recibir capacitación sobre su uso seguro y conocer los procedimientos de emergencia en caso de fallos o averías. Además, es esencial mantener las áreas de trabajo limpias y libres de obstáculos para evitar accidentes.

Aplicación práctica

A un trabajador le han encargado que ordene varias cajas de fruta, según la especie, dentro de una cámara frigorífica, para lo cual tendrá que permanecer dentro de ella varias horas. En la empresa no le han proporcionado ningún equipo de protección.

Indique qué elementos, equipos o medidas de seguridad debería solicitar el empleado para desarrollar su trabajo sin riesgo de sufrir un accidente laboral, en relación con la tarea que le han encomendado. Razone su respuesta.

SOLUCIÓN

Debería solicitar una mascarilla para proteger las vías respiratorias, ropa térmica, guantes y botas específicas antideslizantes para aislarse del frío. También debería pedir una formación concreta sobre el trabajo en este tipo de instalaciones.

13.3. Normas de seguridad alimentaria

La legislación sobre seguridad alimentaria incluye una serie de medidas sobre el almacenamiento y la conservación.

El **Reglamento (CE) n.º 852/2004 del Parlamento Europeo y del Consejo, de 29 de abril de 2004,** relativo a la higiene de los productos alimenticios, hace referencia a los siguientes aspectos:

- **Higiene:** establece principios generales que se deben aplicar en todas las etapas de la cadena alimentaria, incluido el almacenamiento, la limpieza y desinfección de los locales, utensilios, personal, agua, materiales de envase, etc.

- **Contaminación:** establece medidas para evitar la contaminación de los alimentos a través de los envases y embalajes utilizados para el almacenamiento.
- **Conservación a bajas temperaturas:** indica que los alimentos que requieran ser almacenados a bajas temperaturas deben ser refrigerados lo antes posible.

Además, el **Reglamento (CE) n.º 2073/2005 de la Comisión, de 15 de noviembre de 2015,** sobre criterios microbiológicos en productos alimenticios también trata algunos aspectos relacionados con el almacenamiento de alimentos para garantizar la seguridad alimentaria, como que los productores y comercializadores deben adoptar medidas en cada fase de producción, transformación y distribución para garantizar que se cumplan los criterios de higiene del proceso. También se indica que los estudios que se realicen, sobre las características fisicoquímicas del alimento, deben considerar las condiciones de almacenamiento y conservación.

En lo que se refiere a la trazabilidad, esta queda recogida en el **Reglamento (CE) n.º 178/2002 del Parlamento Europeo y del Consejo, de 28 de enero de 2002,** cuyo objetivo es garantizar un alto nivel de protección de la vida y la salud de los consumidores.

14. Resumen

Durante el almacenamiento y acondicionamiento de la fruta, se llevan a cabo diversas tareas con el objetivo de dejarla lista para posteriores tratamientos. Entre estas labores destacan la limpieza, secado, calibrado, selección y, en algunos casos, el descascarillado.

Indistintamente de la fase de que se trate, es de gran importancia mantener unas condiciones higiénicas adecuadas.

Una vez que la fruta se encuentra limpia y clasificada, se procede a su almacenamiento, para lo cual se debe cumplir una serie de condiciones relativas a la temperatura, humedad y ventilación.

Existen instalaciones, como cámaras frigoríficas y de atmósfera controlada, donde el acopio se realiza de manera idónea para preservar en todo momento la calidad del producto. Durante todo el proceso, es necesario vigilar las condiciones de almacenamiento, mediante un plan de control.

También se debe cumplir la normativa medioambiental de prevención de riesgos laborales y de seguridad alimentaria, en lo que respecta al almacenamiento y conservación de las frutas.

Ejercicios de repaso y autoevaluación

1. Indique los tipos de drencher que existen:

____

____

2. Enumere, al menos, dos productos esterilizantes empleados en la limpieza de la fruta mediante el drencher.

____

____

3. La lavadora de frutas...

a. ... es una máquina que consta de un depósito o tolva, donde la fruta se sumerge en el líquido desinfectante, y se va moviendo mediante una corriente de agua con turbulencias.
b. ... es una máquina que consta de un habitáculo cerrado, que proyecta agua, mediante un mecanismo de distintas bombas y dosificadores, por una zona donde pasan los palés con los cajones de fruta.
c. ... es una máquina que consta de un depósito que proyecta aire frío sobre el líquido donde se encuentran sumergidas las frutas.
d. ... es una cinta transportadora, por donde la fruta se va moviendo, se proyecta sobre ella aire frío y se pulveriza agua con productos desinfectantes.

4. Indique la periodicidad con la que hay que lubricar las piezas móviles de los equipos de limpieza.

____

____

5. Agrupe los siguientes conceptos:

a. Tamices y cribas.
b. Ventilación forzada.
c. Cintas o sistemas de evacuación.

Con estos otros:

__ Secadora
__ Descascarilladora
__ Calibradora

6. ¿Cuántos tipos de calibradores electrónicos existen?

____
____

7. ¿Qué medidas preventivas hay que tomar para evitar problemas respiratorios provocados por ambientes fríos y húmedos?

a. Utilizar mascarillas y evitar la respiración profunda.
b. Mantener las áreas de trabajo limpias, secas y utilizar calzado antideslizante.
c. Mantener una distancia segura de las partes móviles de la maquinaria de enfriamiento.
d. Utilizar guantes, mantener una distancia segura con las partes móviles de la maquinaria, verificar el correcto estado de las máquinas y herramientas antes de usarlas, y llevar ropa holgada para evitar el contacto de la misma con la piel.

8. De las siguientes normas de calidad, indique cuál se conoce «sistemas de gestión ambiental».

ISO 9001, ISO 14001, ISO 22000, ISO 45001.

____
____

9. Enumere al menos dos técnicas de conservación de frutos:

____
____

10. Indique en qué consiste la técnica conocida como «desverdizar».

a. En eliminar el color verde de algunas frutas antes de su venta.
b. En aumentar la temperatura, la humedad y los niveles de gases de las frutas verdes.
c. En acelerar el proceso de maduración de ciertos productos.
d. En hidratar la fruta cuando todavía está verde.

11. Indique cuál es la composición aproximada del aire.

____

____

12. Agrupe los siguientes conceptos:

a. Célula de carga.
b. Trazabilidad.
c. Seguridad alimentaria.

Con estos otros:

__ Origen y destino.
__ ISO 22000.
__ Calibrador electrónico.

13. Indique la diferencia fundamental entre un almacén frigorífico y una cámara modular:

____

____

14. ¿Con qué frecuencia hay que sustituir los burletes de una instalación para el almacenamiento en frío?

a. Según necesidades.
b. Semanalmente.
c. Una vez al año o cuando lo aconseje el fabricante.
d. Trimestralmente.

15. Indique al menos dos riesgos laborales que corre un operario al trabajar en cámaras frigoríficas o de atmósfera controlada.

Bibliografía

Monografías

AGUSTÍ Fonfría, M., MESEJO Conejos, C. y REIG Valor, C.: *Fruticultura.* Madrid: Mundi-prensa, 2022.

ARIAS Álvarez, E., REMÓN Oliver, S. y ORIA Almudí, R.: *Avances en maduración y postcosecha de frutas y hortalizas.* Zaragoza: Servicio de Publicaciones, Universidad de Zaragoza, 2022.

GIL-ALBERT Velarde, F.: *El cultivo de plantaciones frutales.* Madrid: Mundi-prensa, 2015.

GÓMEZ Ortega, J. y LLOPIS García, Á.: *Logística y transporte de productos agrícolas: Una visión integral.* Valencia: Marcombo Editorial, 2021.

MARTÍNEZ Pastor, J. y SANZ González, M.: *Transporte y manipulación de productos hortofrutícolas.* Madrid: Ediciones Mundi-Prensa, 2018.

MERODI Omoreno, C.: *Maduración y postrecolección de frutos y hortalizas.* Madrid: Consejo superior de Investigaciones Científicas, 2004.

ORIO Almudi, R., VAL Falcon, J. y FERRER Mairal, A.: *Avances en maduración y post-recolección de frutas y hortalizas.* Zaragoza: Acribia, 2008.

QUERO García, J.: *Los árboles frutales y la viña.* Barcelona: Ediciones del Serbal, 2014.

- SALINAS, J.: *Fisiología de la maduración de la fruta.* Zaragoza: Acribia, 2008.
- SAMSON, C.: *Cultivo biológico de árboles frutales: Guía práctica.* Madrid: Ediciones Tutor, 2010.
- SANJUÁN López, M. D., GIL-ALBERT Velarde, M. T. y LÓPEZ-GÓMEZ, F. J.: *Trazabilidad en frutas y hortalizas: un enfoque práctico.* Madrid: Mundi-Prensa, 2013.
- THOMPSON, A. K.: *Almacenamiento en atmósferas controladas de frutas y hortalizas.* Zaragoza: Acribia, 2003.
- VV. AA.: *Ciencia y tecnología postcosecha de frutas y hortalizas.* Jaén: Editorial UJA, 2015.
- VV. AA.: *Postcosecha de pera, manzana y melocotón.* Madrid: Mundi-Prensa, 2013.

Textos electrónicos, bases de datos y programas informáticos

- Agencia Española de Seguridad Alimentaria y Nutrición, de: <https://www.aesan.gob.es/AECOSAN/web/home/aecosan_inicio.htm>.
- Instituto Nacional de Seguridad y Salud en el Trabajo, de: <https://www.insst.es/>.
- Ministerio de Agricultura, Pesca y Alimentación, de: <https://www.mapa.gob.es/es/>.
- Ministerio para la Transición Ecológica y el Reto Demográfico, de: <https://www.miteco.gob.es/es.html>.
- Organización de las Naciones Unidas para la Alimentación y la Agricultura, de: <https://www.fao.org/home/es>.